工业机器人技术应用系列

工业机器人仿真实训指导

◎余志鹏　主　编

◎蔡泽凡　邓　霞　副主编

U0282430

电子工业出版社·

Publishing House of Electronics Industry

北京·BEIJING

内 容 简 介

本书以 ABB 公司的 RobotStudio 机器人仿真软件为基础，系统地介绍了 RobotStudio 基本操作、机器人离线编程、机器人自动轨迹生成、Smart 组件的应用与复杂仿真模型的搭建、外轴系统的应用、示教器自定义界面开发、自定义模型。全书内容实用、图文并茂、实例丰富。

本书可作为职业院校机电一体化、电气自动化及工业机器人技术等专业的教材，也是工业机器人技术应用人员的有益读本。

图书在版编目（CIP）数据

工业机器人仿真实训指导 / 余志鹏主编. —北京：电子工业出版社，2020.5

ISBN 978-7-121-38975-7

Ⅰ. ①工… Ⅱ. ①余… Ⅲ. ①工业机器人—计算机仿真 Ⅳ. ①TP242.2

中国版本图书馆 CIP 数据核字（2020）第 070721 号

责任编辑：朱怀永

印　　刷：涿州市般润文化传播有限公司

装　　订：涿州市般润文化传播有限公司

出版发行：电子工业出版社

　　　　　北京市海淀区万寿路 173 信箱　邮编　100036

开　　本：787×1 092　1/16　印张：12.75　字数：326 千字

版　　次：2020 年 5 月第 1 版

印　　次：2024 年 7 月第 5 次印刷

定　　价：38.80 元

前　言

　　自动化生产线的研发、机器人的应用，往往伴随着大量的资金、技术的投入，面对快速的技术升级和需求更新，如果一开始就直接对自动化/机器人生产线进行研发和生产，其产品很可能与用户的预期有所偏差，这时候中途改变需求，必然涉及大量的成本浪费。因此，离线仿真软件应运而生，利用其对真实生产场景模拟的特性，把自动化/机器人生产线模拟出来，这样更有利于研发团队与使用者双方对生产线的设计和效果做出准确的预估，对生产线的研发做出有效的调整，从而加快生产线研发速度，少走弯路，节省成本。

　　利用离线仿真软件可以对机器人的动作进行离线编程，这样不需要中断生产，便可在 PC 上完成机器人编程，提高生产效率。还有不可忽视的一点是，越来越多的高校把工业机器人编程作为自动化类专业的必修课程，由于工业机器人及其系统价格、维修成本昂贵，对本课程的推广有阻碍。可以把部分教学内容通过离线仿真软件来实现，这样既降低了硬件投入成本，也能保证更多学生获得实操机会。

　　常用的工业机器人离线仿真软件分为两类，即通用机器人仿真软件和专用机器人仿真软件。通用机器人仿真软件：兼容性比较强，适合一条生产线上有多个品牌的机器人，但是涉及底层的专用功能不够专业；专用机器人仿真软件：专业性更强，但只能适应单一品牌。本书介绍的 ABB 公司的 RobotStudio 仿真软件属于专用机器人仿真软件。

　　RobotStudio 仿真软件以 ABB VirtualController 为基础而开发，与机器人在实际生产中运行的软件完全一致。因此，RobotStudio 仿真软件可执行十分逼真的模拟，所编制的机器人程序和配置文件均可直接用于生产现场。利用 RobotStudio 仿真软件提供的各种工具，可在不影响生产的前提下执行培训、编程和优化等任务，不仅能提升机器人系统的盈利能力，还能降低生产风险，加快投产进度，缩短换线时间，提高生产效率。

RobotStudio 仿真软件可以轻易地导入 CAD 格式的文件，包括 IGES、STEP、VRML、VDAFS、ACIS 和 CATIA 等生成的文件。通过使用此类非常精确的文件，机器人程序设计员可以生成更为精确的机器人程序，从而提高产品质量。

本书以 ABB 公司的 RobotStudio 软件为基础，结合多个离线仿真应用实例，主要介绍 RobotStudio 的仿真功能与实现流程，使读者领略 RobotStudio 强大的仿真功能。

本书的侧重点在于使用 RobotStudio 实现生产线的仿真，是逻辑层面上的实现，不涉及生产线上物理模型的设计，如果读者需要了解模型设计的软件和知识，请查阅 RobotStudio 所支持的相关设计软件的资料。

由于时间仓促，书中难免存在不足和疏漏之处，敬请广大读者批评指正。

为配合本书中相关单元内容的介绍，编者制作了多种文件，统一放于"虚拟仿真课程"文件夹中，在本书学习过程中如需要使用相关文件，可在华信教育资源网（https://www.hxedu.com.cn）注册下载。

编　　者

2019 年 12 月 25 日

目 录

单元 1

RobotStudio 基本操作

本单元课件

本单元介绍 RobotStudio 的基本功能、界面组成以及基本操作。主要内容包括：
- 软件的主要菜单；
- 新建项目；
- 机器人的导入以及机器人系统的生成；
- 机器人工具的导入；
- 虚拟示教器。

1.1 打开软件

RobotStudio 的安装比较简单，从 ABB 官网下载 RobotStudio 的安装文件，打开文件后按照提示一步步安装文件以及所需插件即可。或者从 ABB 服务商购买 RobotStudio 并进行安装。需要说明的是，通过从 ABB 官网下载并安装 RobotStudio，共有 30 天的试用期。ABB 不定期推出 RobotStudio 的最新版本，本书以 RobotStudio6.03 版本为例。

1. 打开 RobotStudio 软件

软件安装成功后，桌面上会产生 2 个 RobotStudio 快捷方式图标，一个是 32 位的，一个是 64 位的，如图 1.1-1 所示。对应使用者所用计算机 CPU 位数双击打开相应快捷方式，即可打开 RobotStudio，其软件界面如图 1.1-2 所示。

图 1.1-1

2. 新建一个解决方案

单击 RobotStudio 软件界面菜单栏"文件"→"新建"→"空工作站解决方案"，系统弹出新工作站创建界面，如图 1.1-3 所示。

图 1.1-2

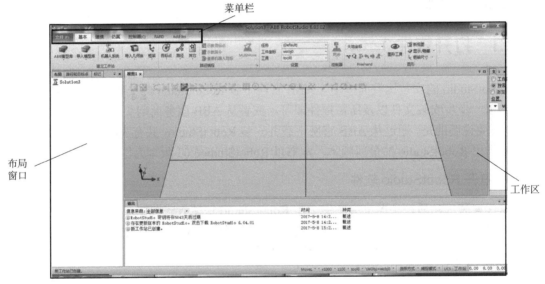

图 1.1-3

RobotStudio 的
主要菜单

1.2 RobotStudio 的主要菜单

RobotStudio 软件界面的菜单栏主要包括以下几种。

1. "文件"菜单

"文件"菜单中包括"保存工作站""保存工作站为""打开"等 13
个菜单项，如图 1.2-1 所示。

图 1.2-1

2."基本"菜单

"基本"菜单中主要包括机器人和模型的导入和生成等功能的图标。

小技巧:若不小心把一些侧边栏删掉并希望恢复为原来视图样式,可右击"基本"菜单,在弹出的快捷菜单中选择"默认布局"选项,如图 1.2-2 所示。

图 1.2-2

3."建模"菜单

"建模"菜单中主要包括模型的导入和布局处理、简单模型的创建等功能的图标,如图 1.2-3 所示。

图 1.2-3

4."仿真"菜单

"仿真"菜单中主要包括仿真运行、录屏等功能的图标，如图1.2-4所示。

图1.2-4

5."控制器"菜单

"控制器"菜单中主要包括系统调试、I/O查看、系统安装等功能的图标，如图1.2-5所示。

图1.2-5

6."RAPID"菜单

"RAPID"菜单中主要包括程序的文本编辑等功能的图标，如图1.2-6所示。

图1.2-6

7."Add-Ins"菜单

"Add-Ins"菜单中主要包括安装文件包等功能的图标，如图1.2-7所示。

图1.2-7

1.3 新建工作站

要开展一个离线仿真项目，就需要建立一个仿真工作站。建立方法：打开RobotStudio

软件，在图 1.3-1 所示软件界面中选择"文件"→"新建"→"空工作站"→"创建"图标，系统弹出如图 1.3-2 所示新建工作站界面。

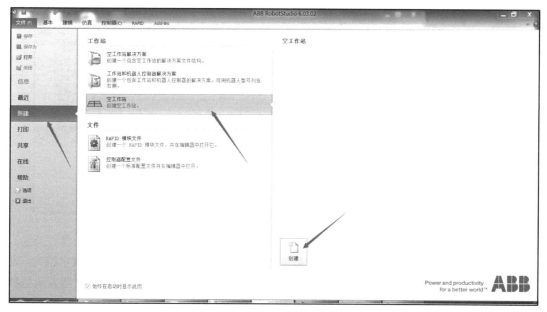

图 1.3-1

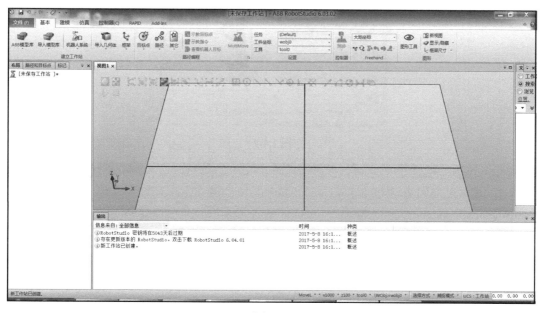

图 1.3-2

1.4 导入机器人与设备并模拟机器人运动

1. 导入机器人

单击并打开"ABB 模型库"，显示 ABB 机器人的各种模型，如图 1.4-1 所示。

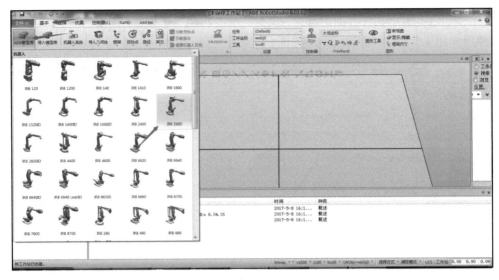

图 1.4-1

在图 1.4-1 所示 ABB 模型库中，IRB 是机器人统一的前缀，后面表示型号，数字越大，表示机器人的尺寸越大。选择机器人"IRB 2600"，系统弹出如图 1.4-2 所示的选择机器人选型参数对话框。选择默认参数，单击"确定"按钮，系统弹出如图 1.4-3 所示的界面。

图 1.4-2

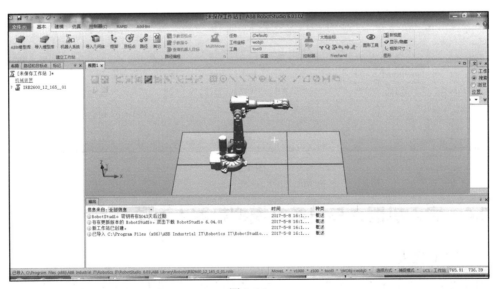

图 1.4-3

2. 导入软件自带的工具/模型

在"基本"菜单中单击"导入模型库"图标，在"设备"目录下，选择工具"AW Gun PSF 25"，如图 1.4-4 所示。此时布局窗口和工作区中都会添加新工具"AW Gun PSF 25"，如图 1.4-5 所示。

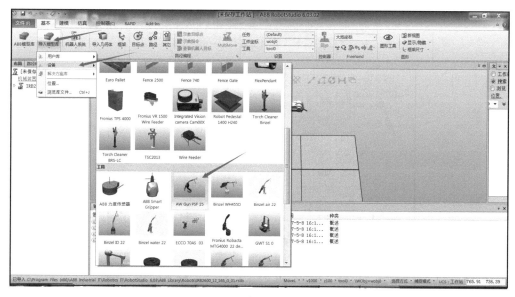

图 1.4-4

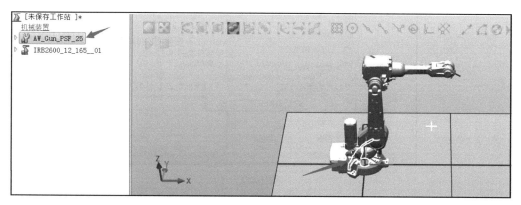

图 1.4-5

设备导入时的位置默认在大地坐标的原点处，所以机器人 IRB 2600 和工具"AW Gun PSF 25"2 个设备叠在一起。在"布局"窗口中选择了哪个设备，工作区中的设备就会变色，处于被选择状态。

3. 把焊枪安装在机器人法兰盘上

（1）方法一：在工作区中，把焊枪拖拽到机器人 IRB 2600 上，出现如图 1.4-6 所示的"更新位置"对话框，单击"是"按钮。

（2）方法二：右击"布局"窗口中的焊枪名称，在弹出的快捷菜单中选择"安装到"选项，选择安装对象 IRB2600，出现如图 1.4-8 所示的"更新位置"对话框，单击"是"按钮。

图 1.4-6

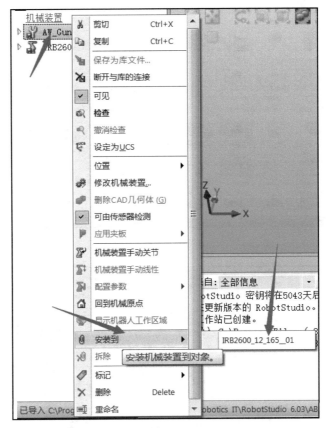

图 1.4-7

图 1.4-8

在"更新位置"对话框，若单击"是"按钮，机械装置就会更新，改变到最新位置上；如果单击"否"按钮，机械装置的位置就维持不变。用户应根据实际情况进行选择。

以上 2 种方法，都可以使焊枪安装到机器人 IRB 2600 上，效果如图 1.4-9 所示。

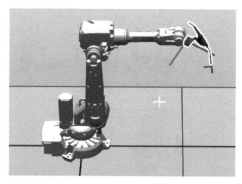

图 1.4-9

焊枪枪口处的工具坐标系（TCP）如图 1.4-10 所示。

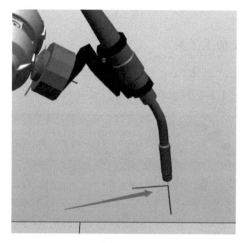

图 1.4-10

1.5 添加自定义加工工具

1. 拖曳法添加自定义加工工具

这里以添加工作台（桌子）为例，选择已制作好的 Table.sat 文件，用鼠标将其拖曳到 RobotStudio 的工作区中，零件出现效果如图 1.5-2 所示。同时在"布局"窗口中也新增 1 个组件。

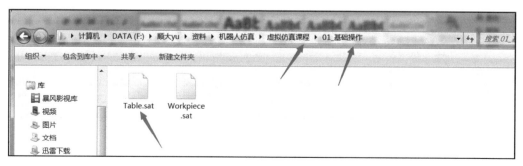

图 1.5-1

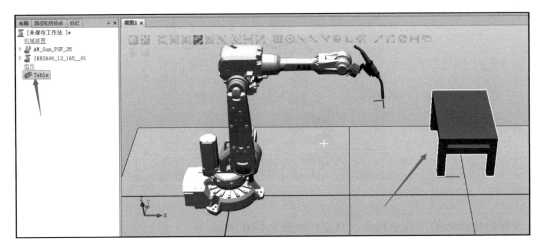

图 1.5-2

2. 菜单法添加自定义加工工具

如图 1.5-3 所示，选择"基本"→"导入几何体"→"浏览几何体..."，系统弹出"浏览几何体..."对话框，如图 1.5-4 所示。

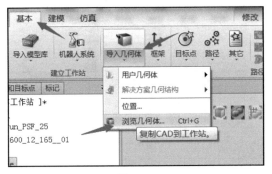

图 1.5-3

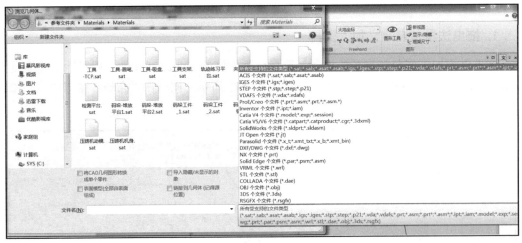

图 1.5-4

从"浏览几何体"对话框"文件名"下拉列表中可以看到，RobotStudio 支持大部分主流制图软件生成模型的文件格式。这里以添加 Workpiece 工具为例介绍菜单法添加自定义加工工具的方法。在文件夹中找到 Workpiece.sat 文件，选中后单击"打开"按钮，就可以导入该加工工具（模型），导入后的效果如图 1.5-6 所示。

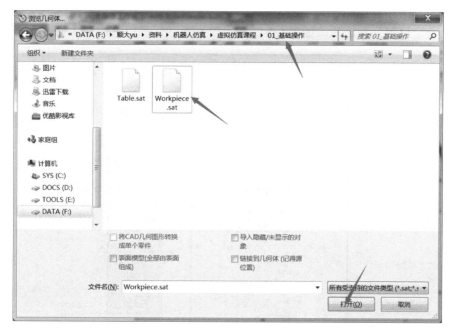

图 1.5-5

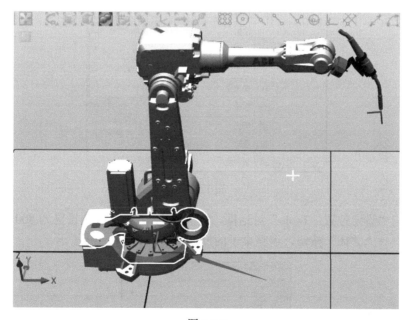

图 1.5-6

工具多了之后，为了有适合的视图，需要进行缩放、旋转等操作，操作方法如下。

1）视角切换方式

（1）放大/缩小：鼠标滚轮上滚/下滚；

（2）平移：Ctrl+鼠标左键；

（3）旋转：Ctrl+Shift+鼠标左键。

2）布局方式

直接输入坐标设置。在布局窗口中，右击工件"Table"，在弹出的快捷菜单中选择"位置"→"设定位置…"选项，如图1.5-7所示。

图 1.5-7

系统弹出"设定位置：Table"对话框。将 X、Y、Z 坐标分别设置为 800、−375、0，单击"应用"→"关闭"按钮，调整桌子的位置，结果如图 1.5-9 所示。

图 1.5-8

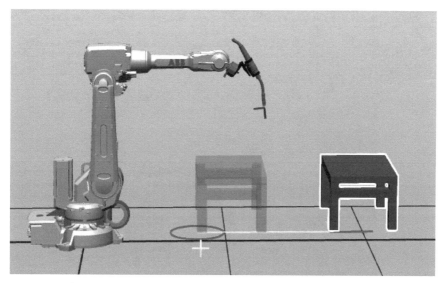

图 1.5-9

工作区视图的方格尺寸是 1m×1m，其中有一对纵横线特别粗，这 2 根线的交点就是大地坐标系的原点。大地坐标系默认方向标注如图 1.5-10 所示，遵循右手定则。

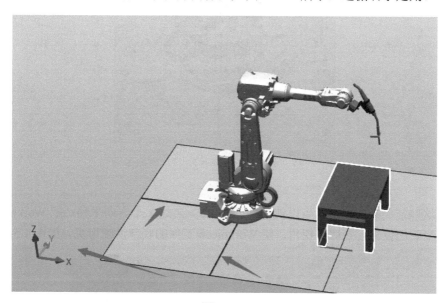

图 1.5-10

3. 根据相对位置放置工件

如果将 Workpiece 工件放在桌子上面，在不知道工件精确的大地坐标的时候，可以用相对放置法。相对放置法的参考点可以是 1 个点、2 个点或 3 个点。

把 Workpiece 工件移动出来，不与 ABB 机器人重复放置，方便观察参考点。单击"布局"窗口中的"Workpiece"，在"基本"菜单下有一组 Freehand 工具，如图 1.5-11 所示。

在 Freehand 工具组中第一个工具是"平移"。单击"平移"图标之后，Workpiece 工件上就会出现 X、Y、Z 这 3 个箭头，如图 1.5-12 所示。

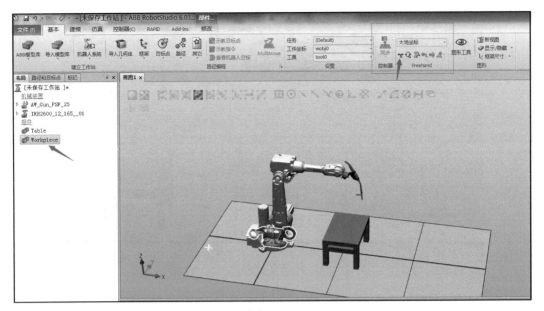

图 1.5-11

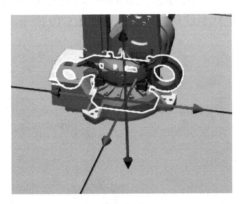

图 1.5-12

单击这些箭头并拖曳，就可以使工件朝 X、Y、Z 这 3 个方向平移。把 Workpiece 工件移到一个空旷的位置，并切换视角，使 Workpiece 工件的底部清晰可见，如图 1.5-13 所示。

图 1.5-13

使用 1 个参考点法放置工件。

在"布局"窗口中，右击"Workpiece"组件，在弹出的快捷菜单选择"位置"→"放置"→"一个点"选项，如图 1.5-14 所示。

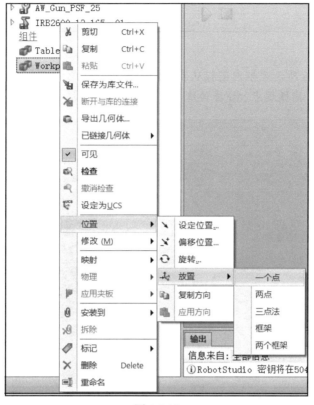

图 1.5-14

系统在"布局"窗口中弹出如图 1.5-15 所示"放置对象：Workpiece"对话框，设置"主点-从（mm）""主点-到（mm）"的参数，使目标工件从一点移动到另一点。

图 1.5-15

这里将设置 Workpiece 工件下表面的中心点作为"主点-从（mm）"，工件 Table 的上表面中心点作为"主点-到（mm）"。先在"放置对象：Workpiece"对话框中单击"主点-从"的任意一个坐标值，回到工作区主视图并单击，鼠标光标会变成十字状的捕抓形态，可把单击处的大地坐标回传到"放置对象：Workpiece"对话框中。为了准确捕抓平面的中心点，可使用主菜单栏下的点捕抓工具（如图 1.5-16 所示方框）中的 ◎ 工具。捕抓平面的中心点如图 1.5-17 所示。

图 1.5-16

注：如图 1.5-16 所示方框内图标从左到右其功能依次是捕抓中心点和端点、捕抓中心点、捕抓线的终点、捕抓端点、捕抓边缘点、捕抓圆心、捕抓本地原点、捕抓 UCS 网络点。

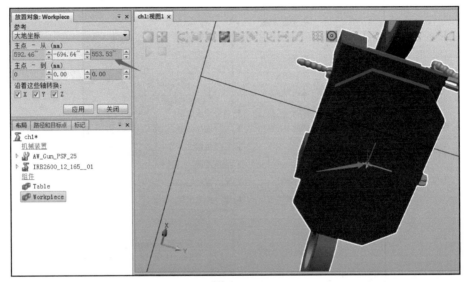

图 1.5-17

用同样的方法捕抓"主点-到（mm）"，软件会自动把"主点-从（mm）"和"主点-到（mm）"2 点做矢量连接，从图 1.5-18 可看到连接线，即工件的移动路径。单击"放置对象：Workpiece"对话框中的"应用"按钮，Workpiece 工件移动到矢量线终点，如图 1.5-19 所示。

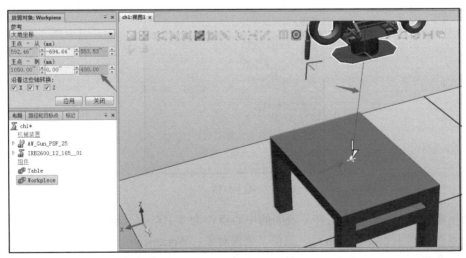

图 1.5-18

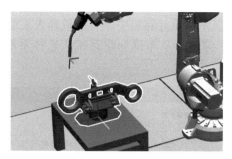

图 1.5-19

这时可单击"关闭"按钮,关闭"放置对象:Workpiece"对话框。

用一点法移动工件,工件的方向是不变的。

4. 加入机器人系统

机器人、工具、工件布局完毕后,需要导入系统,才能生成坐标系和轨迹等机器人应用。在"基本"菜单下,单击"机器人系统"图标,选择"从布局…"选项,如图 1.5-20 所示。

图 1.5-20

系统弹出"从布局创建系统 系统名字和位置"对话框,如图 1.5-21 所示。

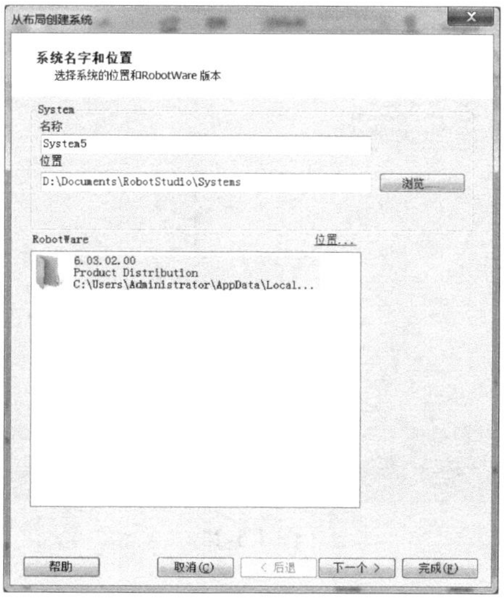

图 1.5-21

"RobotWare" 列表框中显示的是计算机中现有的机器人系统版本数，选择"6.03.02.00"，单击"下一个"按钮，系统弹出"从布局创建系统　选择系统的机械装置"对话框，如图 1.5-22 所示。

图 1.5-22

单击"下一个"按钮，系统弹出"从布局创建系统　系统选项"对话框，如图 1.5-23 所示。

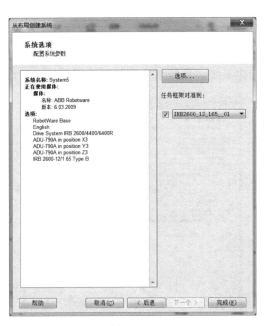

图 1.5-23

在"从布局创建系统　系统选项"对话框中，可以自定义机器人的配置。单击"选项..."

按钮，系统弹出"更改选项"对话框，如图 1.5-24 所示。

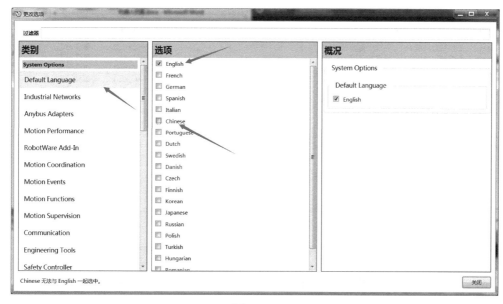

图 1.5-24

在"Default Language"选项中，如果将默认语言改成中文，先取消选中"English"复选框，再选中"Chinese"复选框。

如图 1.5-25 所示，在"Industrial Networks""选项"列表中，可配置主工业网络，可选中"709-1 DeviceNet Master/Slave"复选框。选择完毕后，单击"关闭"按钮。再单击"从布局创建系统 系统选项"对话框中的"完成"按钮，完成机器人配置，机器人系统进入生成状态，信息框里显示生成信息，如图 1.5-26 所示。

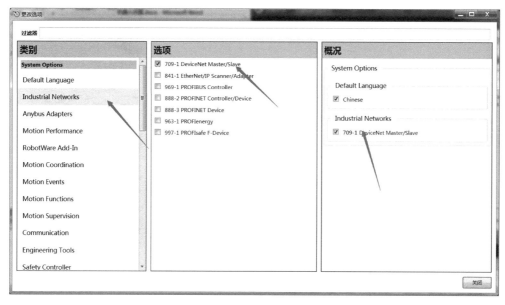

图 1.5-25

在"输出"窗口中会显示机器人系统运作的过程。机器人系统生成完毕后，单击"控制器"菜单下的"示教器"图标，如图 1.5-27 所示。

ⓘ 正在创建系统。		2017-5-9 10:3...	概述
ⓘ System5（工作站）：10045 - 系统已重新启动		2017-5-9 10:3...	事件日志
ⓘ System5（工作站）：10002 - 程序指针已经复位		2017-5-9 10:3...	事件日志
ⓘ System5（工作站）：10012 - 安全防护停止状态		2017-5-9 10:3...	事件日志
ⓘ System5（工作站）：10150 - 程序已启动		2017-5-9 10:3...	事件日志
ⓘ System5（工作站）：10002 - 程序指针已经复位		2017-5-9 10:3...	事件日志
ⓘ System5（工作站）：10129 - 程序已停止		2017-5-9 10:3...	事件日志
ⓘ System5（工作站）：10016 - 已请求自动模式		2017-5-9 10:3...	事件日志
ⓘ System5（工作站）：10017 - 已确认自动模式		2017-5-9 10:3...	事件日志
ⓘ System5（工作站）：10010 - 电机下电（OFF）状态		2017-5-9 10:3...	事件日志
ⓘ System5（工作站）：10011 - 电机上电（ON）状态		2017-5-9 10:3...	事件日志
ⓘ System5（工作站）：10012 - 安全防护停止状态		2017-5-9 10:3...	事件日志
ⓘ System5（工作站）：10015 - 已选择手动模式		2017-5-9 10:3...	事件日志
ⓘ System5（工作站）：10016 - 已请求自动模式		2017-5-9 10:3...	事件日志
ⓘ System5（工作站）：10017 - 已确认自动模式		2017-5-9 10:3...	事件日志
ⓘ System5（工作站）：10010 - 电机下电（OFF）状态		2017-5-9 10:3...	事件日志

图 1.5-26

图 1.5-27

系统弹出虚拟示教器界面，如图 1.5-28 所示，利用虚拟示教器可对机器人进行控制。

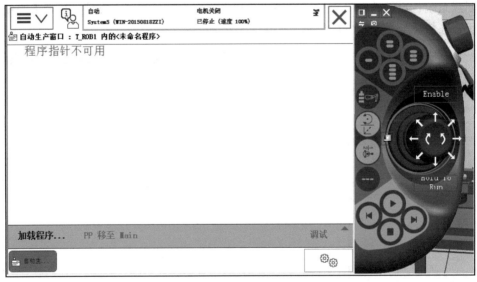

图 1.5-28

单元 2

机器人离线编程

本单元课件

一旦建立合适的模型，RobotStudio 就可以在离线环境下实现机器人编程，其效果能媲美真实的机器人应用场景。本单元将介绍在 RobotStudio 中对机器人进行离线编程操作。

2.1 工作站布局

1. 新建工作站

打开 RobotStudio，单击"文件"→"新建"→"空工作站"→"创建"图标，如图 2.1-1 所示。

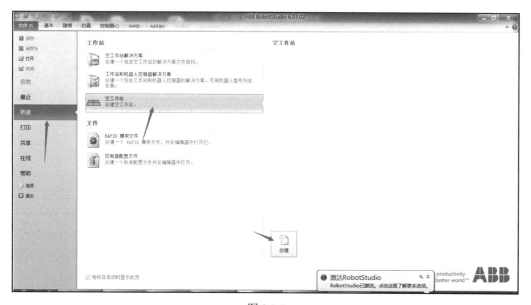

图 2.1-1

2. 选择机器人

在新的工作站中，单击"基本"菜单，选择"ABB 模型库"→"IRB 2600"，如图 2.1-2 所示。

系统弹出"IRB 2600"对话框，选择默认参数，单击"确认"按钮，如图 2.1-3 所示。

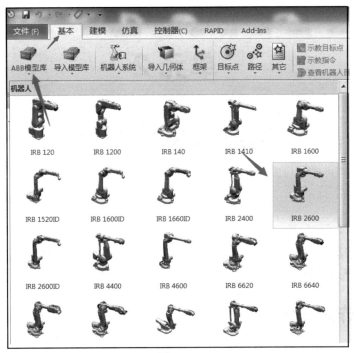

图 2.1-2

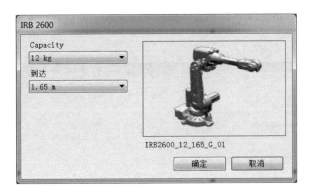

图 2.1-3

机器人建立在工作区中，如图 2.1-4 所示。

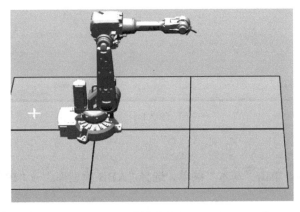

图 2.1-4

注：视角切换方式：

（1）放大/缩小　鼠标滚轮上滚/下滚；

（2）平移　Ctrl+鼠标左键；

（3）旋转　Ctrl+Shift+鼠标左键。

3. 加载机器人工具

在"基本"菜单下，选择"导入模型库"→"设备"选项，找到 myTool 工具，如图 2.1-5 所示。

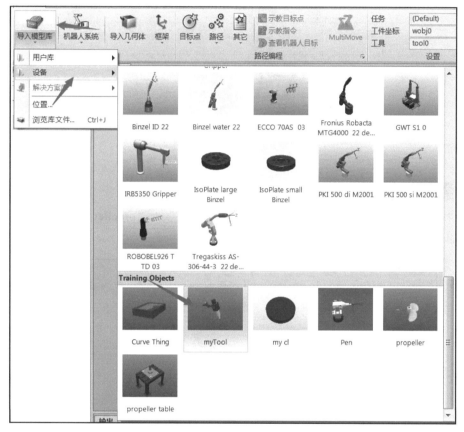

图 2.1-5

选中 myTool 工具后，在左侧"布局"窗口中可以看到新增的工具，如图 2.1-6 所示。

图 2.1-6

选中"MyTool"并拖曳到 IRB 2600 上，安装工具。在如图 2.1-7 所示"更新位置"对话框，单击"是"按钮，MyTool 就安装到机器人 IRB2600 的法兰盘上了，仿真效果如图 2.1-8 所示。

图 2.1-7

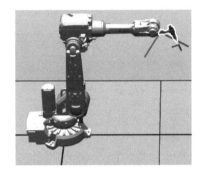

图 2.1-8

4．摆放其他模型

在"基本"菜单下，选择"导入模型库"→"设备"→"proeller table"，如图 2.1-9 所示，添加工作台（桌子）。

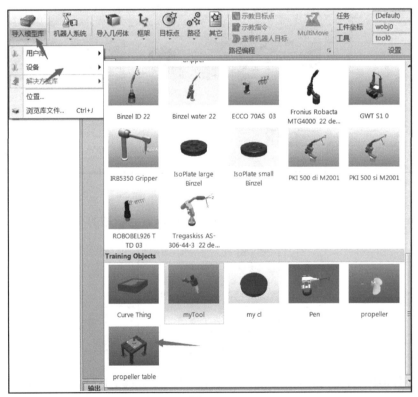

图 2.1-9

在"布局"窗口中会出现工作对象"table_and_fixture_140",如图 2.1-10 所示。

图 2.1-10

右击左侧"布局"窗口中的机器人文件"IRB2600_12_165__01",在弹出的快捷菜单中单击"显示机器人工作区域"选项,如图 2.1-11 所示。

图 2.1-11

工作区中的白色区域就是机器人可达范围,应将加工对象调整到机器人的最佳工作范围。

RobotStudio 通过 Freehand 工具,对工作对象有 2 种移动方式。先按照图 2.1-12 所示选择参考坐标系(大地坐标系),然后可以进行"移动"或者"旋转",对应工具图标如图 2.1-13 所示。

图 2.1-12

图 2.1-13

如单击"移动"工具图标后，工作对象上就会出现 X、Y、Z 方向的移动箭头，其参考坐标系是大地坐标系，如图 2.1-14 所示。

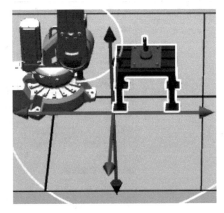

图 2.1-14

把工作台平移到合适的机器人工作区域，如图 2.1-15 所示。

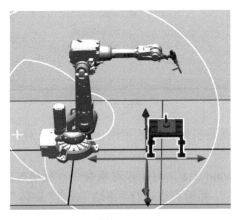

图 2.1-15

在"基本"菜单下，选择"导入模型库"→"设备"→"Curve Thing"，如图 2.1-16 所示，导入加工对象。

在"布局"窗口中增加了一个 Curve_thing 文件，如图 2.1-17 所示。

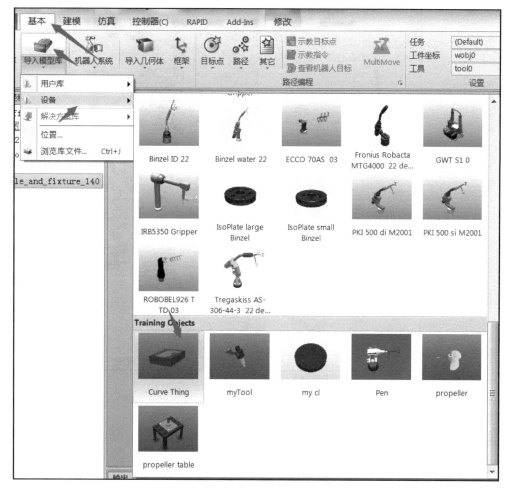

图 2.1-16

图 2.1-17

将 Curve_thing 安装到工作台面上，如果只用移动工具很难准确地移动，这时候可用 RobotStudio 的放置功能实现准确地平移。

这里使用两点法，在左侧"布局"窗口中右击"Curve_thing"，在弹出的快捷菜单中单击"位置"→"放置"→"两点"选项，如图 2.1-18 所示。

为准确地捕抓对象的特征点，RobotStudio 提供一套点捕抓工具，如图 2.1-19 所示。

单击"主点-从"对应的任一捕抓工具图标→任意编辑框（见图 2.1-20），激活捕抓工具里的"选择部件" 和"捕抓末端" 。

27

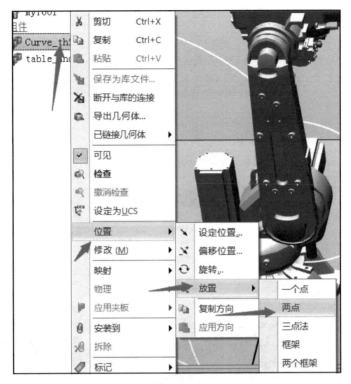

图 2.1-18

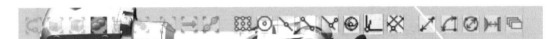

图 2.1-19

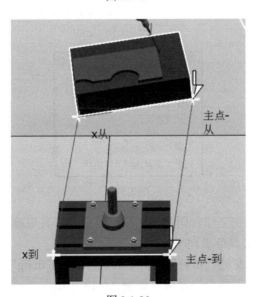

图 2.1-20

在系统弹出的"放置对象：Workpiece"对话框中单击"应用"按钮，工件移动到工作台上，效果如图 2.1-21 所示。

图 2.1-21

2.2　手动操控机器人

2.2.1　建立机器人操作系统

机器人、工具、工件布局完成后，要为机器人添加系统，建立虚拟控制器，使其完成相关仿真工作。

在"基本"菜单下，选择→"机器人系统"→"从布局..."，如图 2.2-1 所示。

图 2.2-1

在"从布局创建系统　系统名字和位置"对话框中单击"下一个"按钮，如图 2.2-2 所示。

图 2.2-2

继续单击"下一个"按钮，如图 2.2-3 所示。

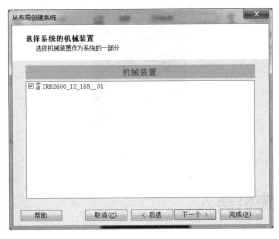

图 2.2-3

在系统弹出的"从布局创建系统 系统选项"对话框中单击"选项..."按钮，如图 2.2-4 所示。

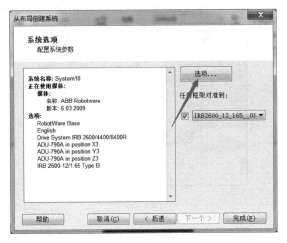

图 2.2-4

在系统弹出的"更改选项"对话框中的"类别"列表中选中"Default Language"，在"选项"选项组中选择"Chinese"复选框，如图 2.2-5 所示。

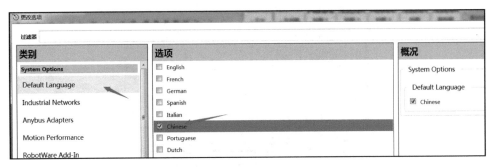

图 2.2-5

最后单击"更改选项"对话框中的"完成"按钮，等待约 1 分钟，机器人系统建立。机器人系统建立完毕后，页面右下角的"控制器状态"应为绿色，如图 2.2-6 所示。

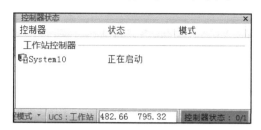

图 2.2-6

2.2.2　机器人的手动操纵

在 RobotStudio 中，可以手动操作机器人使其到达我们想要的位置。手动操作机器人共有三种方式：手动关节、手动线性和手动重定位。可以通过直接拖动和精确手动两种控制方式实现手动操作。

1. 直接拖动

在 Freehand 工具组中选中手动关节方式，如图 2.2-7 所示。

离线机器人操作

图 2.2-7

选中机器人的对应关节并拖动，效果如图 2.2-8 所示。

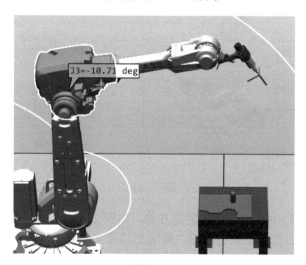

图 2.2-8

在 Freehand 工具组中选中手动线性方式，并在旁边的"设置"工具组中，选择机器人的工具为"MyTool"，如图 2.2-9 所示。

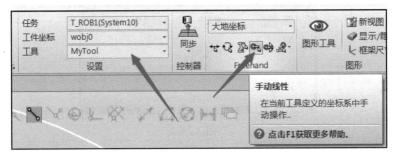

图 2.2-9

在工作区中单击机器人，在工具焊枪的末端就会出现三维箭头，如图 2.2-10 所示。

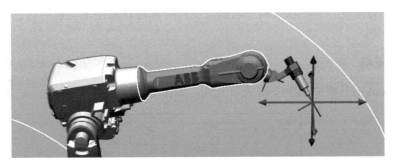

图 2.2-10

单击三个箭头并拖曳就可以让机器人按照箭头方向进行线性运动，如图 2.2-11 所示。

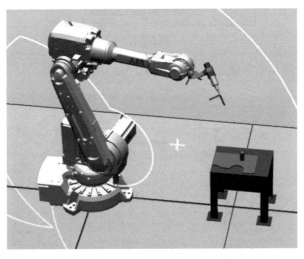

图 2.2-11

在 Freehand 工具组中选中手动重定位方式，如图 2.2-12 所示。

在工作区中单击机器人，就会出现三维的旋转箭头，单击相应箭头并拖曳，机器人就会沿着箭头方向做重定位运动，如图 2.2-13 所示。

图 2.2-12

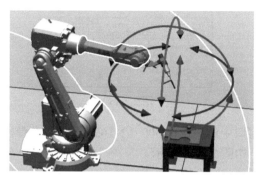

图 2.2-13

2. 精确手动

在"设置"工具组中,选择机器人的工具为"MyTool",右击左侧"布局"窗口中的"IRB2600_12_165__01",在弹出的快捷菜单中单击"机械装置手动关节"选项,如图 2.2-14 所示。

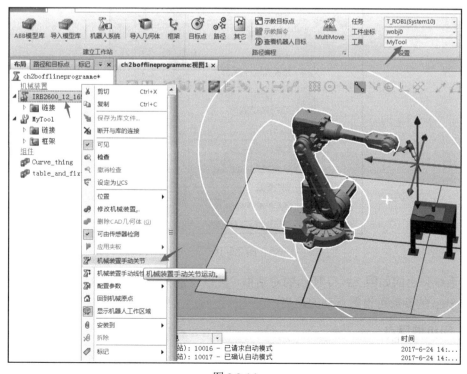

图 2.2-14

此时会出现如图 2.2-15 所示的调整对话框，单击并拖动各轴滑块，机器人各轴就会随着运动，也能直接输入具体数值，但数值一定要在范围内。最下面 Step 的参数可设置点动的距离。

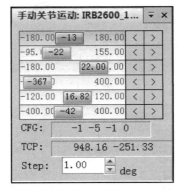

图 2.2-15

右击左侧"布局"窗口中的"IRB2600_12_165__01"，在弹出的快捷菜单中单击"机械装置手动线性"选项，如图 2.2-16 所示。

图 2.2-16

在系统弹出的如图 2.2-17 所示的对话框，可以设置 X、Y、Z 和 RX、RY、RZ 的数值。最下方 Step 的参数可设置点动的距离。

3. 回机械原点

如图 2.2-18 所示，在左侧"布局"窗口中右击"IRB2600_12_165__01"，在弹出的快捷菜单中单击"回到机械原点"选项，机器人便可以回到原点，仿真效果如图 2.2-19 所示。

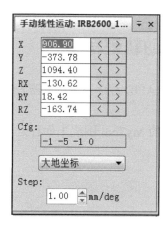

图 2.2-17

图 2.2-18

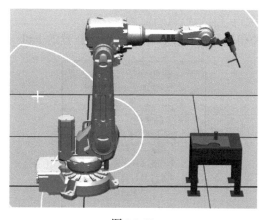

图 2.2-19

2.3 创建机器人运动轨迹程序

在 RobotStudio 中，同样通过 RAPID 程序指令对机器人进行控制。下面介绍在 RobotStudio 中创建机器人运行轨迹。

这里希望让机器人法兰盘上的 MyTool 围绕工件行走一圈，效果如图 2.3-1 所示。

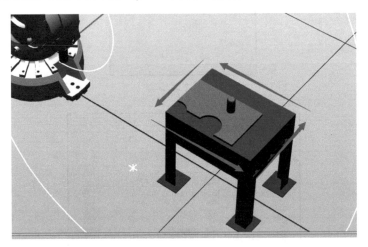

图 2.3-1

1. 创建路径

在"基本"菜单下，选择"路径"→"空路径"，如图 2.3-2 所示。

图 2.3-2

此时在左侧的"路径和目标点"窗口中可以看到新建的 Path_10，如图 2.3-3 所示。

图 2.3-3

注意"设置"工具组中的设置内容，特别是将工具修改为"MyTool"，如图 2.3-4 所示。

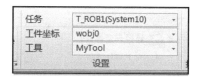

图 2.3-4

在软件界面的下方，可以看到机器人运动的全局设置信息，把它们设成合适的的值，如图 2.3-5 所示。

图 2.3-5

2. 示教 home 点

如图 2.3-6 所示，在"Freehand"工具组中单击"手动关节"工具图标，把机器人拖动到工件上方的合适位置，作为轨迹的起始点 pHome 点，然后单击"示教指令"图标，此点以及运动到此点的指令就会生成。

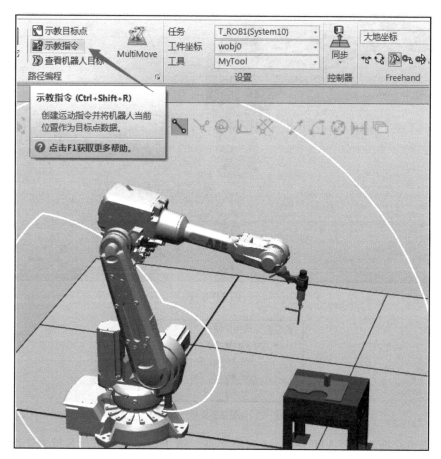

图 2.3-6

在左侧"路径与目标"窗口会新增一条 MoveL 指令——MoveL Target_10，如图 2.3-7 所示。

图 2.3-7

3. 示教轨迹的各点

如图 2.3-8 所示，在"Freehand"工具组中单击"手动线性"工具图标，激活捕抓工具"捕抓末端"，移动机器人，使 MyTool 末端对准工件的第 1 个角点，单击"示教指令"图标。在"路径与目标窗口会增加一条 Move 指令——MoveL Target_20，如图 2.3-9 所示。

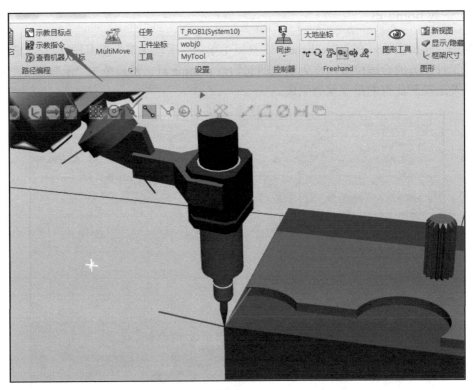

图 2.3-8

图 2.3-9

用同样方法拖动机器人的 MyTool 到第 2 点、第 3 点、第 4 点，各单击一次"示教指令"图标，效果如图 2.3-10 所示。

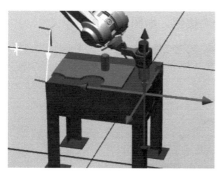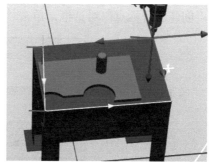

图 2.3-10

在"路径与目标"窗口右击第一条 MoveL 指令，在弹出的快捷菜单中单击"复制"选项，如图 2.3-11 所示。

图 2.3-11

在"路径与目标"窗口右击最后一条 MoveL 指令，在弹出的快捷菜单中单击"粘贴"选项，如图 2.3-12 所示。

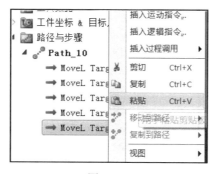

图 2.3-12

弹出"创建新目标点"对话框，单击"否"按钮，如图2.3-13所示。

图2.3-13

机器人移动到第4个点后，让机器人回到准备点Target_10。用同样方法复制、粘贴一条到Target_10的指令，最终效果如图2.3-14所示。

图2.3-14

4. 指令优化

如图2.3-14所示，所有轨迹都用了MoveL指令，这是不合理的。准备点，即轨迹的第1点的到达应该用MoveJ指令比较合理。

右击"路径与目标"窗口中的第一条MoveL指令，在弹出的快捷菜单中单击"编辑指令…"选项，如图2.3-15所示。

图2.3-15

　　系统弹出如图 2.3-16 所示的"编辑指令：Move Target_10"对话框，在"动作类型"选项组中，将动作类型设置为 Joint；在"指令参数"选项组中将 Speed 参数设置为 v1000。设置完毕后单击"应用"按钮。

　　同理打开第 2 条 Move 指令的编辑对话框，将动作类型设置为 Joint，Zone 参数设置为fine，单击"应用"按钮，如图 2.3-17 所示。

图 2.3-16

图 2.3-17

　　使用 Shift 键加鼠标左键选择第 3 条至第 6 条 Move 指令，将 Zone 参数统一设置为 fine，单击"应用"按钮，如图 2.3-18 所示。

图 2.3-18

右击最后一条 Move 指令，采用上述同样的方法将动作类型设置为 Joint，Zone 参数设置为 fine，Speed 参数设置为 v1000。单击"应用"按钮，然后单击"关闭"按钮，如图 2.3-19 所示。

右击"路径与目标"窗口中的"Path_10"，在弹出的快捷菜单中单击"到达能力"选项，如图 2.3-20 所示，检测机器人能否到达这些点。

图 2.3-19

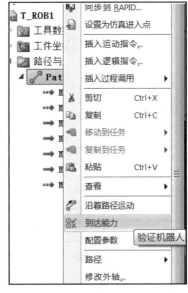

图 2.3-20

如果结果如图 2.3-21 的话，则机器人可以到达这些示教点。

优化轨迹

图 2.3-21

2.4 离线编程的应用

离线路径代码生成后，怎么把它应用到机器人 RAPID 程序里呢？以下操作可完成此功能。

如图 2.4-1 所示，单击"RAPID"菜单，在左侧"控制器"窗口中，展开"System10"→"RAPID"→"T_ROB1"，会发现只有 BASE 和 user 两个系统模块，刚才建立的路径并没有同步到 RAPID 程序中。

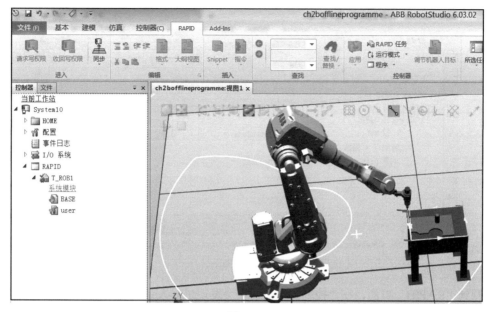

图 2.4-1

1. 把路径同步到 RAPID 程序

单击"基本"菜单，在左侧"路径和目标点"窗口中，右击"Path_10"，在弹出的快捷菜单中单击"同步到 RAPID..."选项，如图 2.4-2 所示。

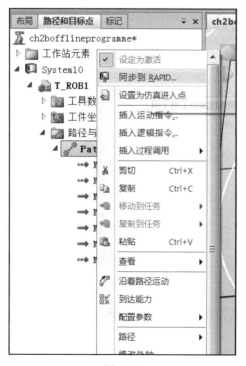

图 2.4-2

系统弹出如图 2.4-3 所示的"同步到 RAPID"对话框，勾选需要的同步项目，单击"确定"按钮。

图 2.4-3

回到"RAPID"页面，在"控制器"窗口中会发现机器人系统 System10 下面增加了两个模块，其中路径 Path_10 就在模块 Module1 下面，如图 2.4-4 所示。

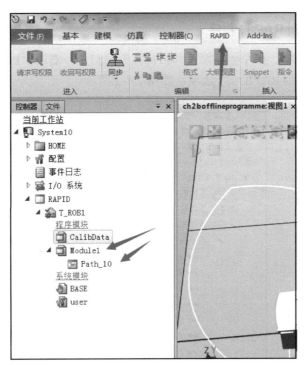

图 2.4-4

双击"Path_10"，在工作区域就能看到 Path_10 的相关代码，如图 2.4-5 所示。

2. 离线编辑代码

在文本编辑框中，可以手动添加代码，具有联想功能。添加的代码如图 2.4-6 所示。

| 进入 | | 编辑 | | 插入 | | 查找 | | 控制器 |

| 控制器 文件 ▼ × | ch2bofflineprogramme:视图1 | System10 (工作站) × |

T_ROB1/Module1 ×

```
1    MODULE Module1
2 ⊟    CONST robtarget Target_10:=[[859.401846249,-80.917589248
3      CONST robtarget Target_20:=[[859.402956194,-150.50555980
4      CONST robtarget Target_30:=[[1259.402833639,-150.5059434
5      CONST robtarget Target_40:=[[1259.402109268,149.49003342
6      CONST robtarget Target_50:=[[859.401969398,149.48951960
7 ⊟    PROC Path_10()
8        MoveJ Target_10,v1000,z10,MyTool\WObj:=wobj0;
9        MoveJ Target_20,v300,fine,MyTool\WObj:=wobj0;
10       MoveL Target_30,v300,fine,MyTool\WObj:=wobj0;
11       MoveL Target_40,v300,fine,MyTool\WObj:=wobj0;
12       MoveL Target_50,v300,fine,MyTool\WObj:=wobj0;
13       MoveL Target_20,v300,fine,MyTool\WObj:=wobj0;
14       MoveJ Target_10,v1000,fine,MyTool\WObj:=wobj0;
15     ENDPROC
16   ENDMODULE
```

当前工作站
- ▲ System10
  - ▷ HOME
  - ▷ 配置
  - 事件日志
  - ▷ I/O 系统
  - ▲ RAPID
    - ▲ T_ROB1
      - 程序模块
        - CalibData
        - ▲ Module1
          - Path_10
      - 系统模块
        - BASE
        - user

图 2.4-5

| ch2bofflineprogramme:视图1 | System10 (工作站) × |

T_ROB1/Module1* ×

```
1    MODULE Module1
2 ⊟    CONST robtarget Target_10:=[[859.401846249,-80.9175892
3      CONST robtarget Target_20:=[[859.402956194,-150.505555
4      CONST robtarget Target_30:=[[1259.402833639,-150.50594
5      CONST robtarget Target_40:=[[1259.402109268,149.490033
6      CONST robtarget Target_50:=[[859.401969398,149.4895196
7 ⊟    PROC Path_10()
8        MoveJ Target_10,v1000,z10,MyTool\WObj:=wobj0;
9        MoveJ Target_20,v300,fine,MyTool\WObj:=wobj0;
10       MoveL Target_30,v300,fine,MyTool\WObj:=wobj0;
11       MoveL Target_40,v300,fine,MyTool\WObj:=wobj0;
12       MoveL Target_50,v300,fine,MyTool\WObj:=wobj0;
13       MoveL Target_20,v300,fine,MyTool\WObj:=wobj0;
14       MoveJ Target_10,v1000,fine,MyTool\WObj:=wobj0;
15     ENDPROC
16     pr|
17 ⊟   ╞═ PROC
        📄 PROC...ENDPROC
```

图 2.4-6

如图 2.4-7 所示，建立了一个 main 例行程序。

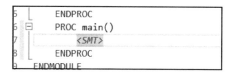

```
5 |   ENDPROC
6 ⊟   PROC main()
7         <SMT>
8     ENDPROC
9   ENDMODULE
```

图 2.4-7

接着可以输入指令，对指令不熟悉的话，也可以单击"指令"下拉按钮打开指令下拉列表，机器人所有的指令都会在如图 2.4-8 所示界面上展示。

如需保存代码文档，单击"应用"→"全部应用"图标，或使用快捷键 Crtl+Shift+S，保存编辑文档，如图 2.4-9 所示。

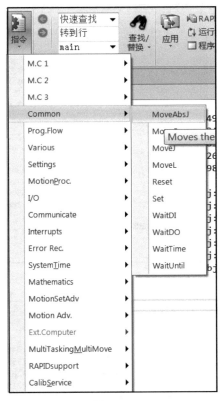

图 2.4-8

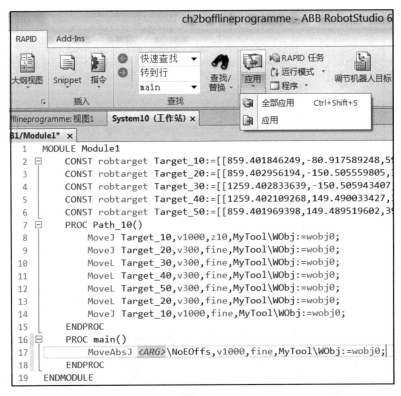

图 2.4-9

3. 程序同步

若想将程序代码同步到示教器，单击"同步"→"同步到工作站"图标，如图 2.4-10 所示。

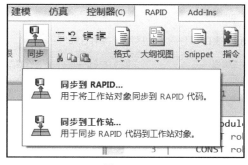

图 2.4-10

在图 2.4-11 所示的"同步到工作站"对话框中勾选需要同步的内容，单击"确定"按钮。

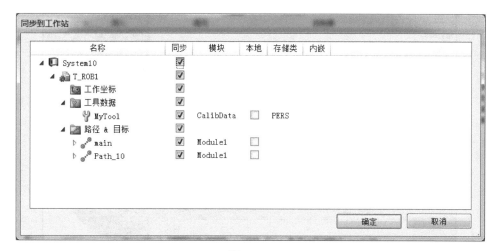

图 2.4-11

如图 2.4-12 所示，单击"控制器"→"示教器"图标，启动虚拟示教器。

图 2.4-12

虚拟示教器启动完毕后，单击"ABB LOGO"按钮，在示数器界面的主菜单中双击"程序编辑器"选项，如图 2.4-13 所示。

可看到刚刚创建的两个系统模块，分别如图 2.4-14 和图 2.4-15 所示。

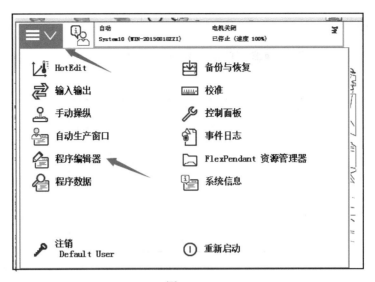

图 2.4-13

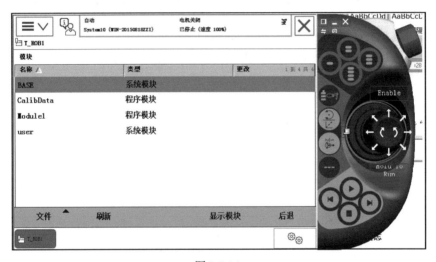

图 2.4-14

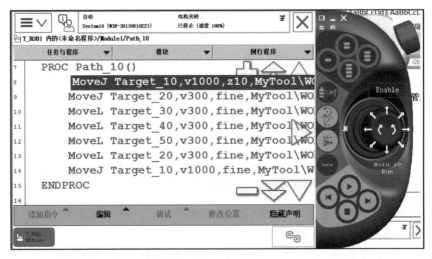

图 2.4-15

单击示教器界面右侧的工作模式按钮，如图 2.4-16 所示，会弹出一个钥匙状按钮，选择手动模式。

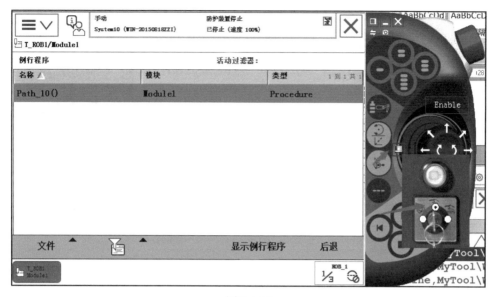

图 2.4-16

如图 2.4-17 所示，在示数器的模块页面中，双击打开"Module1"程序模块，系统转换到代码页面，如图 2.4-18 所示。

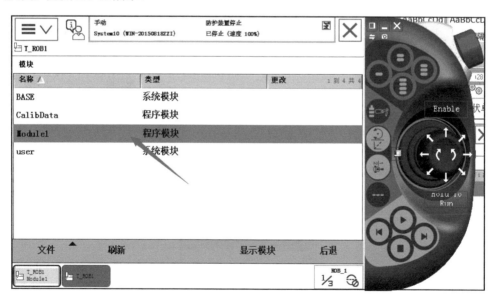

图 2.4-17

此时如果想添加一个 main 例行程序，和真实示教器操作一模一样，单击"例行程序"，进入例行程序列表页面，如图 2.4-19 所示。

单击"文件"→"新建例行程序..."，如图 2.4-20 所示。

按照图 2.4-21 所示设置创建一个 main 例行程序，单击"确认"按钮。

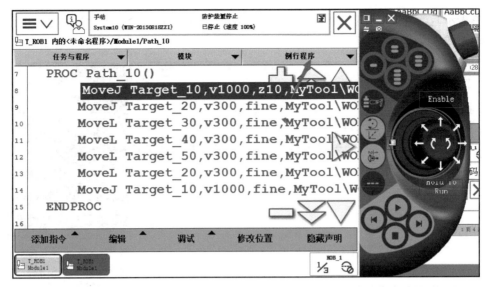

图 2.4-18

图 2.4-19

图 2.4-20

图 2.4-21

在图 2.4-22 所示 main 例行程序中添加代码"Path_10"。

图 2.4-22

在修改虚拟示教器内容的时候，RobotStudio 软件会自动弹出关于 RAPID 程序编辑的同步对话框（见图 2.4-23），单击"是"按钮，虚拟示教器的内容将会自动更新到 Robot Studio 的 RAPID 程序中，如图 2.4-24 所示。

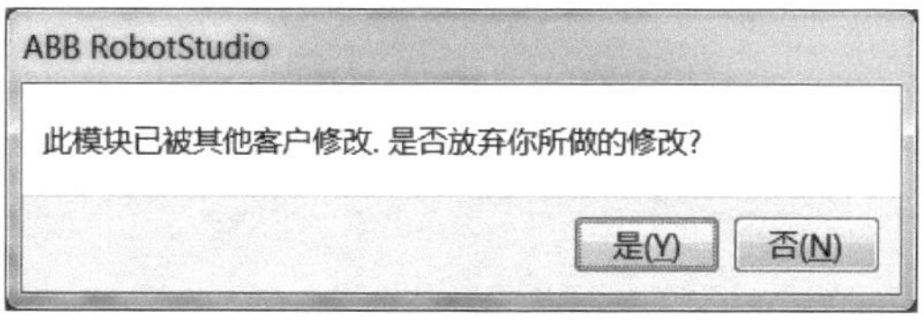

图 2.4-23

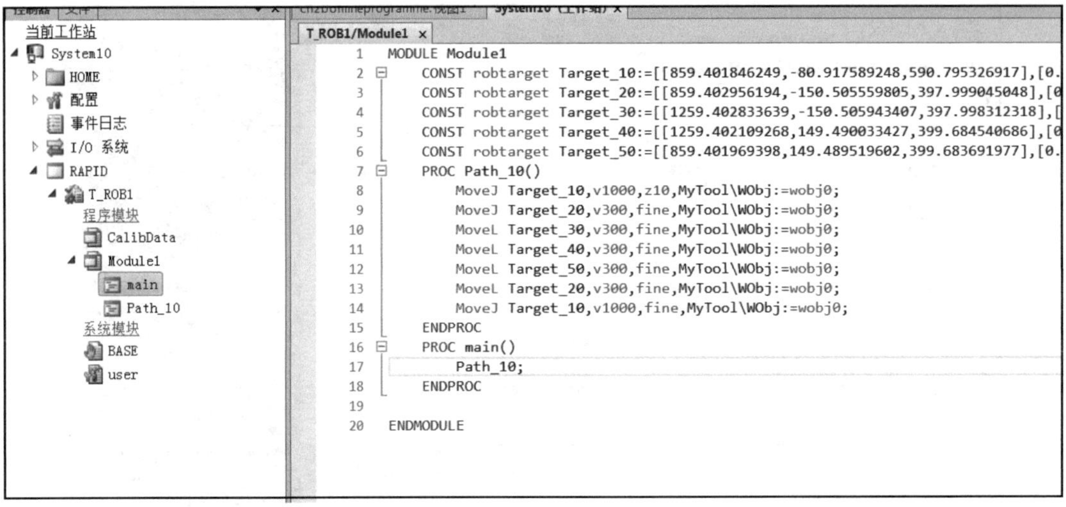
当前工作站
System10
HOME
配置
事件日志
I/O 系统
RAPID
T_ROB1
程序模块
CalibData
Module1
main
Path_10
系统模块
BASE
user
T_ROB1/Module1
MODULE Module1
CONST robtarget Target_10:=[[859.401846249,-80.917589248,590.795326917],[0.
CONST robtarget Target_20:=[[859.402956194,-150.505559805,397.999045048],[0
CONST robtarget Target_30:=[[1259.402833639,-150.505943407,397.998312318],[
CONST robtarget Target_40:=[[1259.402109268,149.490033427,399.684540686],[0
CONST robtarget Target_50:=[[859.401969398,149.489519602,399.683691977],[0.
PROC Path_10()
MoveJ Target_10,v1000,z10,MyTool\WObj:=wobj0;
MoveJ Target_20,v300,fine,MyTool\WObj:=wobj0;
MoveL Target_30,v300,fine,MyTool\WObj:=wobj0;
MoveL Target_40,v300,fine,MyTool\WObj:=wobj0;
MoveL Target_50,v300,fine,MyTool\WObj:=wobj0;
MoveL Target_20,v300,fine,MyTool\WObj:=wobj0;
MoveJ Target_10,v1000,fine,MyTool\WObj:=wobj0;
ENDPROC
PROC main()
Path_10;
ENDPROC
ENDMODULE

图 2.4-24

单元 3

机器人自动轨迹生成

本单元课件

3.1 工程文件解压缩

打开文件夹"02_轨迹案例"［该文件夹（其存储路径参见前言中的说明）已提前制作完成，这里以该文件夹中文件为例进行介绍）］，如图 3.1-1 所示。该文件夹中有两个文件，一个是 GlueStation.rspag，是一个已经配置好的 RobotStudio 工程项目的压缩包；另一个是 GlueStation.exe，是单元内容完成后生成的动画，可供读者们参考。

图 3.1-1

双击"GlueStation.rspag"，系统弹出"解包"对话框。单击"下一个"按钮，可以看到如图 3.1-2 所示的"解包　选择打包文件"对话框。

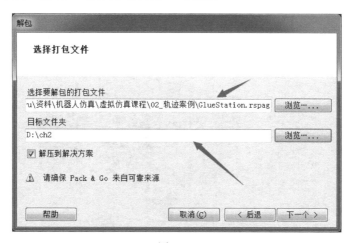

图 3.1-2

选择目标文件夹，注意，目标文件夹的路径中不能有中文字符，且目标文件夹的层数不能太多，否则软件会报错，不能进行下一步操作。选择正确后，一直单击"下一个"按钮，最后单击"完成"按钮，则可完成解压，操作过程如图 3.1-3 和图 3.1-4 所示。

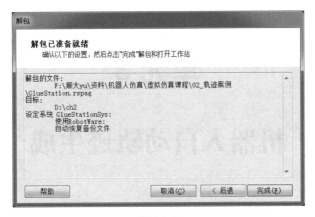

图 3.1-3

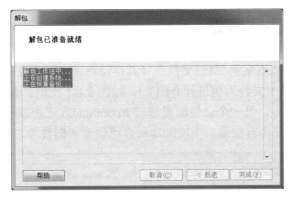

图 3.1-4

解压完成，关闭"解包"对话框后，在 RobotStudio 软件界面的工作区出现如图 3.1-5 所示项目。

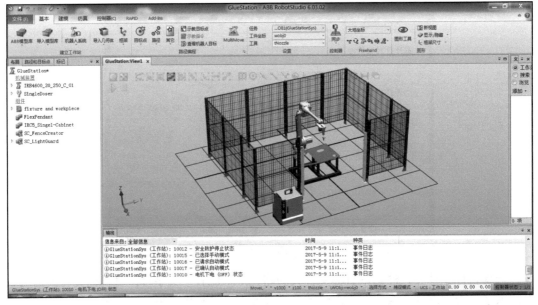

图 3.1-5

3.2　创建工件坐标系

由于轨迹生成过程中涉及大量的空间点，为了方便管理，需要创建合适的工件坐标系，这样一旦工装的位置发生什么变化，轨迹就可以随着工件坐标系偏移，节省大量工作量。可依据工装上的一些特征点，用"三点法"创建工件坐标系。

根据模型生成
自动轨迹

"三点法"需要确定 $X1$、$X2$、$Y1$ 三点，$X1$-$X2$ 直线的方向是 X 轴的正方向，$Y1$ 在直线 $X1$-$X2$ 上的投影是原点，Y 轴、Z 轴的方向用右手定则确定。

1. 确定工件坐标系的 3 个点

此项目里，以车门工装的定位梢作为工件坐标系的 3 个点，可再现性强，如图 3.2-1 所示。

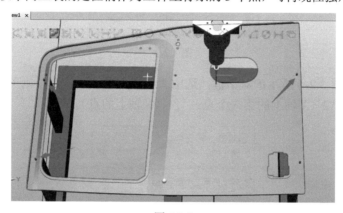

图 3.2-1

分别以图 3.2-1 所示车门工装的左上角梢为 $X1$、左下角梢为 $X2$、右上角梢为 $Y1$。通过右手定则可知，Z 轴的正方向为近似垂直向上，符合编程习惯。读者在使用"三点法"的时候，请注意最终确定的三维坐标方向是否符合编程习惯，这样可以大大降低编程时的错误率。

2. 创建工件坐标

单击"基本"→"其它①"→"创建工件坐标"，如图 3.2-2 所示，创建工件坐标系。

图 3.2-2

---

①　软件图中"其它"的正确写法应为"其他"。

3. 取点创建框架

选中"创建工件坐标"窗口中的"取点创建框架...",单击下拉箭头,如图 3.2-3 所示。

图 3.2-3

系统弹出如图 3.2-4 所示的对话框,选中"三点"单按选按钮,则可以定义 $X1$(X 轴上的第一个点)、$X2$(X 轴上的第二个点)、$Y1$(Y 轴上的点)。

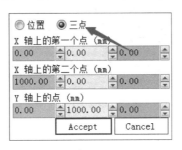

图 3.2-4

4. 捕抓 3 个点

分别单击"X 轴上的第一个点"下文本框中的任一个数据,使用点捕抓工具中的捕抓端点工具 ，在主视图中找到车门工装的左上角梢的端点,选中该端点,则它的坐标会自动同步到左侧窗口中。X 轴上的第一个点和 Y 轴上的点同理。同步后的三点坐标如图 3.2-5 所示。

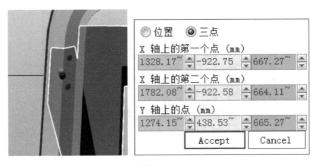

图 3.2-5

　　三点选取完毕后，单击"Accept"按钮，单击"创建工件坐标"窗口中的"创建"按钮，生成工件坐标系，如图 3.2-6 所示。

图 3.2-6

5. 修改工件坐标

　　如需要对坐标系进行更改，在"路径和目标点"窗口中，展开"GluStationSys"→"工件坐标&目标点"，找到刚才创建的工件坐标系"Workobject_1"，右击，在弹出的快捷菜单中选择"修改工件坐标..."选项→，就可以对工件坐标系进行修改，如图 3.2-7 所示。

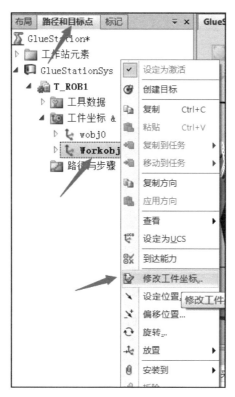

图 3.2-7

6. 选择工件坐标

在"基本"菜单的"设置"选项组里，确认所选工件坐标系是 Workobject_1，工具是 tNozzle（加载工程时已安装好的焊枪），如图 3.2-8 所示。

图 3.2-8

对于 Move 指令的一些说明：

z 参数用于指定内抛物线，不是标准圆，所以不能用来倒圆角。

对于加工轨迹，起点和终点不能用转角，要使用完全到达参数 fine。

z 必须小于前后路径最小值的一半，不然会弹出"转角路径故障"警告信息。

z0 转角默认为 0.3mm，fine 指没有转角。

RobotStudio 软件界面的最下方的指令是轨迹生成模板，所有轨迹的参数都是根据此模板生成，如图 3.2-9 所示。

MoveL ▾ * ▾ v1000 ▾ z100 ▾ tNozzle ▾ \WObj:=Workobject_1 ▾

图 3.2-9

在该项目中可先将速度设为 200，转角设为 1，如图 3.2-10 所示。

MoveL ▾ * ▾ v200 ▾ z1 ▾ tNozzle ▾ \WObj:=Workobject_1 ▾

图 3.2-10

7. 路径生成

单击"基本"菜单→"路径"→"自动路径"选项，如图 3.2-11 所示。

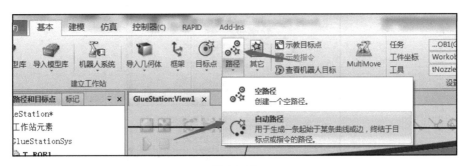

图 3.2-11

软件界面左侧会出现"自动路径"窗口，如图 3.2-12 所示。

8. 生成轨迹

利用鼠标光标和工件的一些特征线，单击相应位置，软件会自动生成一段轨迹，如图 3.2-13 所示。

图 3.2-12

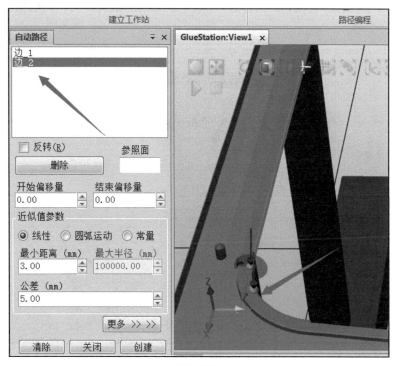

图 3.2-13

如果工件的连贯性比较好，利用 Shift 键加鼠标左键，可以自动生成整条闭合曲线，效果如图 3.2-14 所示。

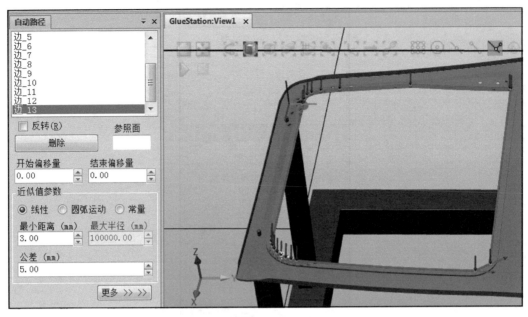

图 3.2-14

图 3.2-15 所示界面中相关参数解释如下。

"反转"复选框：不勾选，机器人按顺时针顺序运行；勾选，机器人按逆时针顺序运行。

"参照面"：蓝色箭头表示加工方向，一般是加工面的法线方向。为确保这个方向，可指定参照面。

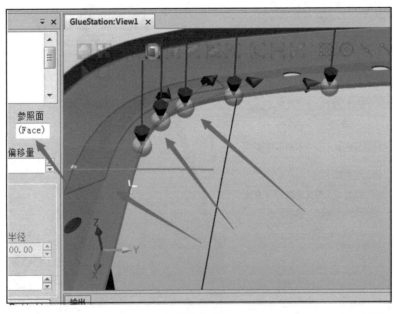

图 3.2-15

"开始偏移量"和"结束偏移量"：设置加工起始和结束的位置，也叫引刀线。

"近似值参数"："线性"，所有路径用 MoveL 指令实现，比较适合由线段构成的轨迹；"圆弧运动"，直线处用 MoveL 指令，圆弧处用 MoveC 指令拟合，适合直线与圆弧结合的工件；"常量"，每一步的距离是确定的，适合样条曲线。用户可根据工艺要求选择合适的参数。

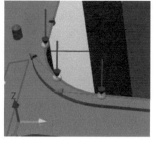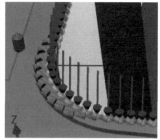

图 3.2-16

"最小距离"：自动生成曲线中采样点之间的最小距离。

9. 建立轨迹

设置好以上参数后，单击"创建"按钮，建立轨迹，如图 3.2-17 所示。在"路径和目标点"窗口中，在"路径与步骤"下会看到新建的一条路径 Path_10，展开它就是一系列 Move 指令，如图 3.2-18 所示。

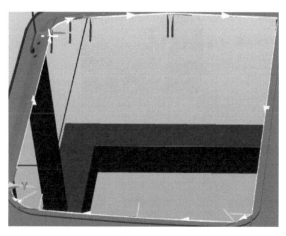

图 3.2-17   图 3.2-18

10. 曲线偏移

如轨迹曲线需要偏移，则可使用"扩散"或"收缩"功能，本项目中就是每个参考点沿

Y 轴方向偏移，如图 3.2-19 所示。

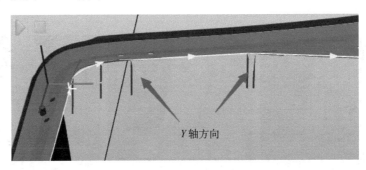

图 3.2-19

以本项目为例，使轨迹曲线扩散 5mm。可进行点的批量操作。在"路径和目标点"窗口中，展开工件坐标系"Workobject_1"～"Workobject_1_of"，这时可看到刚才自动生成的参考点。使用 Shift 键加鼠标左键，可以选择这次生成的全部参考点。右击选中的工件坐标系，在弹出的快捷菜单中单击"修改目标"→"偏移位置..."选项，如图 3.2-20 所示。

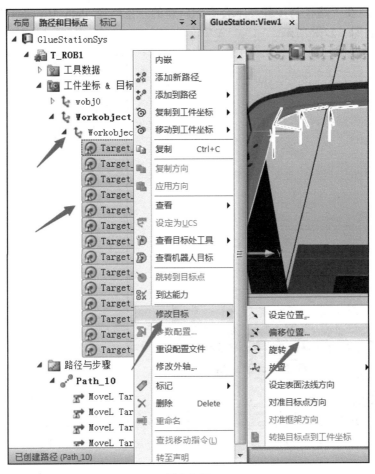

图 3.2-20

系统弹出"偏移位置：（多重选择）"窗口，如图 3.2-21 所示。

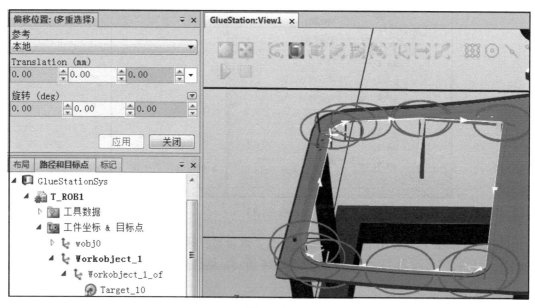

图 3.2-21

参数设置："参考"选择"本地"；要达到扩散功能，参考点要朝它自己的 Y 轴负方向偏移 5mm，X、Z 轴方向不变，所以在"Tanslation"栏第二项输入"–5"。单击"应用"按钮，曲线会实现扩散，如图 3.2-22 所示。

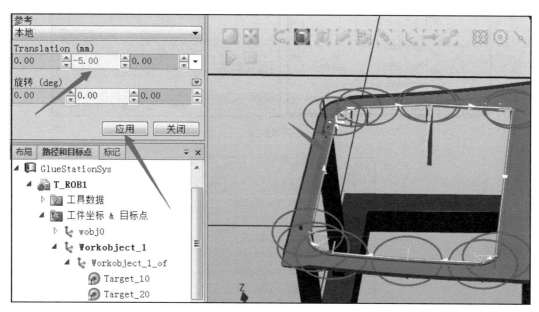

图 3.2-22

11. 路径命名

为方便管理，最好对每条轨迹对应的参考点的前缀进行命名。首先可以修改路径名称，如把 Path_10 改为 Path1。右击"路径与步骤"下面的"Path_10"，在弹出的快捷菜单中单击"重命名"选项，将路径名称改为"Path1"，如图 3.2-23 所示。

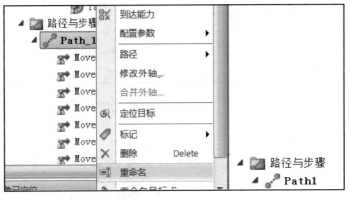

图 3.2-23

右击"Path1",在弹出的快捷菜单中单击"重命名目标点"选项,在"重命名目标点:Path1"窗口将前缀改为"Path1_",如图 3.2-24 所示。这样处理后,每条路径的参考点就不会混淆,如图 3.2-25 所示。

图 3.2-24

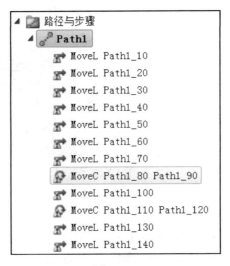

图 3.2-25

3.3　轨迹的优化

1. 姿态优化

展开"Workobject_1"～"Workobject_1_of",选中并右击第一点"Path1_10",在弹出的快捷菜单中选择"查看目标处工具"→"SingleDoser"选项,就会在工作区出现到达该位置的射胶枪,如图 3.3-1。

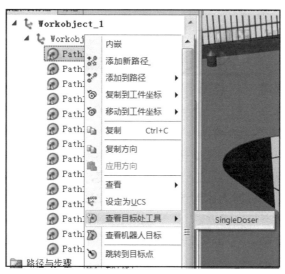

图 3.3-1

2. 观看参考点姿态

利用 Shift 键加鼠标左键,选取路径中的所有参考点,可以看到工具到所有参考点时的姿态,如图 3.3-2 所示。

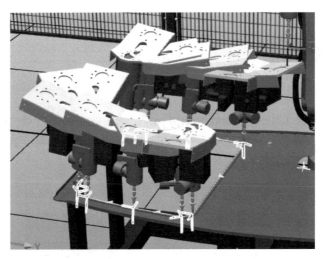

图 3.3-2

3. 调整姿态

在加工过程中可以看到，工具旋转了比较大的角度，这样的旋转并没有必要而且会影响加工的精确度，可以对这些姿态进行优化。经观察，本项目中点 Path1_100 的姿态与机器人复位姿态比较接近，机器人达到该点旋转角度比较小，所以可以以该点为参考，让机器人到达其他点时的姿态与它接近。

选中该路径所有参考点，右击，在弹出的快捷菜单中单击"修改目标"→"对准目标点方向"选项，如图 3.3-3 所示。

图 3.3-3

此时系统弹出"对准目标点：（多种选择）"窗口。先单击"路径和目标点"窗口的空白处，让所有点不处于被选中状态；然后单击"对准目标点：（多种选择）"窗口中的"参考"右侧的下拉按钮，选择"T_ROB1/Path1_100"；最后单击"路径和目标点"窗口中的"Path1_100"（见图 3.3-4），该点就会被引入到"对准目标点：（多种选择）"窗口中的"参考"下拉框中。

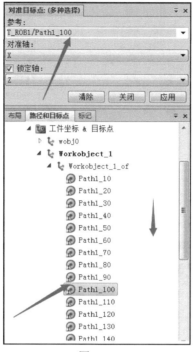

图 3.3-4

4. 统一工具方向

在"对准目标点：（多种选择）"窗口中，"对准轴"选择"X"；勾选"锁定轴"复选框，并选"Z"。单击"应用"按钮，单击"关闭"按钮，然后选择路径的所有参考点，如图 3.3-5 所示。这样射胶枪的方向统一了。

图 3.3-5

5. 配置参数

如图 3.3-6 所示，右击"Path1"，在弹出的快捷菜单中选择"配置参数"→"自动配置"选项，RobotStudio 软件可根据 TCP 位置和机器人姿态自动优化机器人姿态，达到轴转动最少的原则。

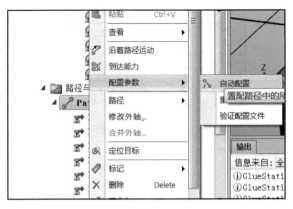

图 3.3-6

大部分情况下，优选选取"选择机器人配置"对话框（见图 3.3-7）"配置参数"选项组中的第一种参数，单击"应用"按钮，观察机器人能否把曲线走完。配置之后，参考点上面的警告信息消失了，如图 3.3-8 所示。

图 3.3-7

注意，配置参数之前最好先进行姿态优化，否则可能会失败。

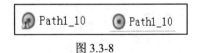

图 3.3-8

7. 运动观察

姿态优化完毕后，如需要观察机器人运动情况，可右击"Path1"，在弹出的快捷菜单中选择"沿着路径运动"选项，如图3.3-9所示，机器人机会按照Path1路径运动。

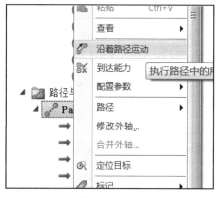

图3.3-9

3.4　代码优化

优化代码与
程序同步

1. 添加接近点和离开点

可以在第一点和最后一点上做Z轴的偏移。右击轨迹的第一个点"Path1_10"，在弹出的快捷菜单中选择"复制"选项，如图3.4-1所示。

图3.4-1

右击坐标系"Workobject_1"，在弹出的快捷菜单中选择"粘贴"选项，就会在"路径和目标"窗口中出现新点Path1_10_2，如图3.4-2所示。

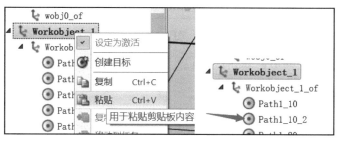

图3.4-2

2. 添加接近点

右击"Path1_10_2",在弹出的快捷菜单中选择"重命名"选项,可对这个起始点进行名称修改个名字,如修改为"Path1_Start"。右击"Path1_Start",在弹出的快捷菜单中选择"修改目标"→"偏移位置..."选项,如图 3.4-3 所示。

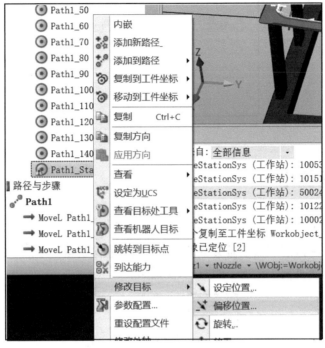

图 3.4-3

3. 偏移设定

在"偏移位置:Path1_Start"窗口中,"参考"选择"本地",在"Translation"的 Z 轴对应项中输入"-200",如图 3.4-4 所示。注意,参数的设置值与每个参考点的坐标系方向对应。

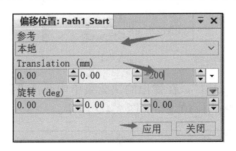

图 3.4-4

使用同样方法创建结束点 Path1_End。

4. 把新建的点添加到路径

右击"Path1_Start",在弹出的快捷菜单中选择"添加到路径"→"Path1"→"<第一>"选项,就可以把路径添加到第一行。同理,把 Path1_End 添加到最后一行,如图 3.4-5 所示。

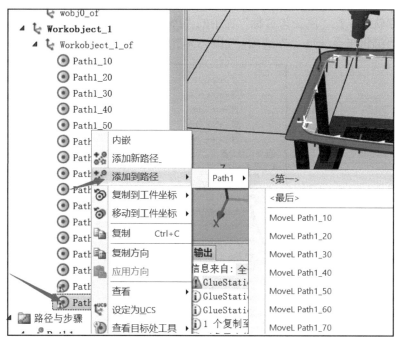

图 3.4-5

5. 优化路径

如图 3.4-6 所示，右击"Path1"，在弹出的快捷菜单中选择→"配置参数"→"自动配置"选项，选择第一项，对路径进行优化。

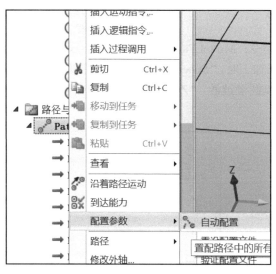

图 3.4-6

6. 运动类型优化

关节运动指令（MoveJ）一般用于轨迹运行之后的跳转。

机器人运动到起始点一般是大范围转移，运动类型应选择关节运动，这样机器人就可以自行规划轨迹。在"路径与目标"窗中的"Path1"中右击第一条指令，在弹出的快捷菜单中选择"编辑指令（J）…"选项，如图 3.4-7 所示。

图 3.4-7

7. 运动参数优化

系统弹出"编辑指令：MoveLPath1_Start"窗口，在该窗口中可以将"动作类型"修改为"Joint"。因为不在加工时，"Speed"（速度）参数可以设置得更大，建议修改为"v2000"。因为这是接近点，可以圆滑过渡，"Zone"（转角）参数建议修改为"z100"。运动参数优化后如图 3.4-8 所示。

图 3.4-8

8. 起始点运动参数优化

对于轨迹的第一点，也是加工的起始点，需要机器人完全到达，可以在"编辑指令：

MoveL Path1_Start"窗口中将"Zone"参数修改为"fine",如图 3.4-9 所示。同理,把加工最后一点"Path1_140"优化成"完全到达"。

图 3.4-9

9. 离开点运动参数优化

对于离开点,"动作类型"可设置为"Linear","Speed"参数可以设置得更大,建议设置为"v800"。如果离开点是机器人最终的停止点,Zone(转角)参数一定要设置为"fine";如果离开点是个中间点,"Zone"参数可设置为一定转角,如图 3.4-10 所示。

图 3.4-10

9. fine 参数的意义

如果产生"转角路径故障",说明最后一条轨迹的"Zone"参数必须设置为"fine",如图 3.4-11 所示。

10. 代码的生成

在"基本"菜单中,选择"同步"→"同步到 RAPID",如图 3.4-12 所示。
在系统弹出的"同步到 RAPID"对话框中,把"工件坐标"和"工具数据"都同步到

Module1 中，单击"确定"按钮，如图 3.4-13 所示。

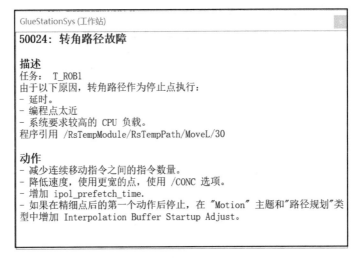

图 3.4-11

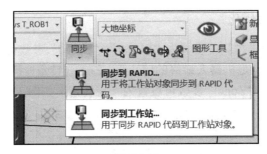

图 3.4-12

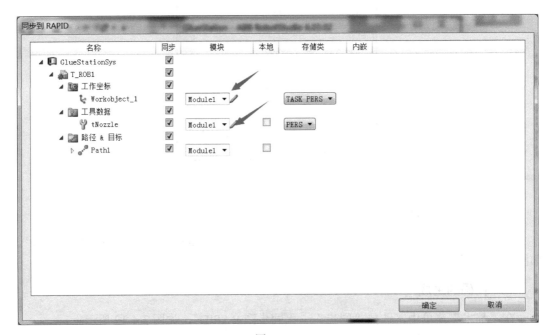

图 3.4-13

11. 在"RAPID"菜单中查看程序代码

单击"RAPID"菜单，在"控制器"窗口中，展开"RAPID"→"T_ROB1"→"Module1"，双击"Path1"，在主页面上可以看到转化的 RAPID 程序代码，如图 3.4-14 所示。

图 3.4-14

12. 在虚拟示教器中查看数据与程序代码

也可在虚拟示教器界面查数据与 RAPID 程序代码。单击"控制器"菜单→"示教器"图标，启动虚拟示教器，如图 3.4-15 所示。

图 3.4-15

单击示教器左上角菜单栏，出现菜单，选择"程序数据"，如图 3.4-16 所示。

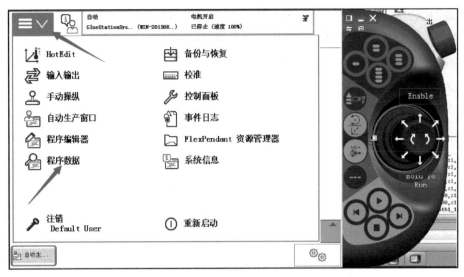

图 3.4-16

如图 3.4-17 所示，单击"显示数据"按钮，数据显示结果如图 3.4-18 所示。

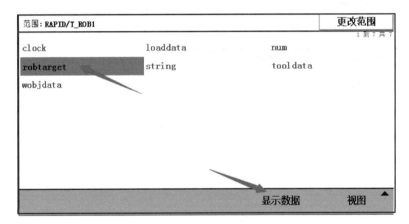

图 3.4-17

名称	值	模块	1 到 7 共 14
Path1_10	[[-139.9, 327.993,...	Module1	全局
Path1_100	[[-25.9986, 30.834..	Module1	全局
Path1_110	[[-77.5108, 73.277...	Module1	全局
Path1_120	[[-94.5171, 123.48...	Module1	全局
Path1_130	[[-138.575, 315.80...	Module1	全局
Path1_140	[[-139.9, 327.992,...	Module1	全局
Path1_20	[[-139.31, 598.928...	Module1	全局

图 3.4-18

第一组数据中，x、y、z 表示目标点在当前坐标系下 TCP 的 x、y、z 偏移量，如图 3.4-19

所示。

名称	值	数据类型	1 到 6 共 22
Path1_10:	[[-139.9,327.993,-35....	robtarget	
trans:	[-139.9,327.993,-35.6...	pos	
x :=	-139.9	num	
y :=	327.993	num	
z :=	-35.6409	num	
rot:	[0.00174902,-0.055479...	orient	

图 3.4-19

第二组数据中，rot 是表示工具方向或者姿态的数据，q1～q4 是 4 元素算法的 4 个参数，如图 3.4-20 所示。

名称	值	数据类型	6 到 11 共 22
rot:	[0.00174902,-0.055479...	orient	
q1 :=	0.00174902	num	
q2 :=	-0.0554796	num	
q3 :=	-0.99785	num	
q4 :=	0.0348454	num	
robconf:	[-1,-1,-1,0]	confdata	

图 3.4-20

第三组数据中，robconf 是机器人的轴配置数据，限定了 cf1、cf4、cf6 机器人的轴转角范围，如图 3.4-21 所示。cfx 参数表示机器人整体的配置关系。这几个配置参数只能选择，不需要写入。

名称	值	数据类型	11 到 16 共 22
robconf:	[-1,-1,-1,0]	confdata	
cf1 :=	-1	num	
cf4 :=	-1	num	
cf6 :=	-1	num	
cfx :=	0	num	
extax:	[9E+09,9E+09,9E+09,9E...	extjoint	

图 3.4-21

第四组数据中，extax 是外轴数据，9E+09（见图 3.4-22）表示空的意思，本体和外轴是配合使用的。

13. 工程打包

单击“文件”菜单→“共享”→“打包”，如图 3.4-23 所示。

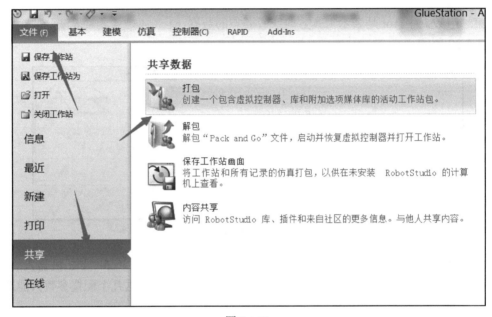

名称	值	数据类型	16 到 21 共 22
extax:	[9E+09, 9E+09, 9E+09, 9E...	extjoint	
eax_a :=	9E+09	num	
eax_b :=	9E+09	num	
eax_c :=	9E+09	num	
eax_d :=	9E+09	num	
eax_e :=	9E+09	num	

撤消　　　　确定　　　　取消

图 3.4-22

图 3.4-23

在弹出的"打包"对话框（见图 3.4-24）中选择打包路径和文件名，注意路径中不能包含中文。整个工程的设置和资源都会打包到一个文件里，这样比传输项目文件夹更方便。

图 3.4-24

单元 4

Smart 组件的应用与复杂
仿真模型的搭建

本单元课件

本单元通过一个搬运实例，使机器人与零件配合运动，介绍 Smart 组件的一些常用功能。搬运实例的相关文件已经创建，其存储路径参见本书前言中的说明。搬运实例的实现效果可双击"04_搬运案例"文件夹中的 PalletStation.exe 文件查看。机器人从生产线中把物料搬运到工作台上，搬运动作看似简单，但其涉及关于 RobotStudio 的知识点和设置较多。

首先打开"04_搬运案例"文件夹，解压工作站 PalletStation.rspag 文件到适当的路径，解压后项目视图如图 4.1-1 所示，可见机器人和工作环境已经搭建好。应注意左侧"建模"窗口中"物料源"也已经创建，但处于隐藏状态，单击"物料源"，就可以看到物料。

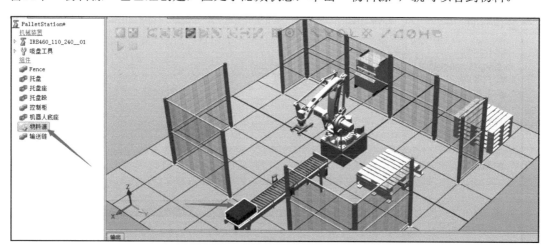

图 4.1-1

通过本单元的搬运实例要解决以下几个问题：

物料是怎么生成的？

物料为什么会动？

物料是怎么停下来的？

机器人是怎么抓取和放下物料？

每个动作的背后都有"子组件"产生，这些功能都是从 Smart 组件产生的。

4.1 Smart 组件介绍

在"建模"菜单下，单击"Smart 组件"图标（见图 4.1-2），创建 Smart 组件。

Smart 组件简介

图 4.1-2

在"建模"窗口中就会添加一个 SmartComponent_1 组件，主视图就进入 SmartComp-onent_1 的编辑窗口，如图 4.1-3 所示。从图中可以看到 4 个标签，下面逐一介绍一下它们的功能。

组成：添加子组件；

属性与连接：子组件之间的关联设置，设置完毕后，自动生成关联图。

信号与连接：子组件之间的信号传递关系。

设计：Smart 组件的连接效果。

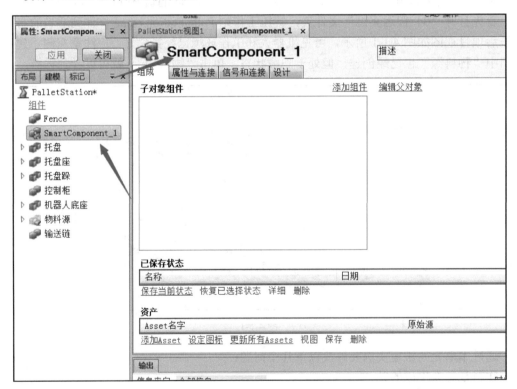

图 4.1-3

单击"添加组件"，系统弹出如图 4.1-4 所示的列表，可看到多种组件类型，下面一一进行介绍。

图 4.1-4

1. 信号和属性

单击"信号和属性"选项，系统弹出如图 4.1-5 所示的信号和属性组件列表。

图 4.1-5

2. 参数建模

单击"参数建模"选项，系统弹出如图 4.1-6 所示的参数建模组件列表，通过该列表中的选项，可以自动生成各种形状、高低、颜色等属性的组件。

图 4.1-6

3. 传感器

单击"传感器"选项，系统弹出如图 4.1-7 所示的传感器组件列表。

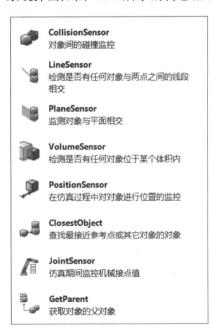

图 4.1-7

4. 动作

单击"动作"选项，系统弹出如图 4.1-8 所示的动作组件列表，其中 Attacher 和 Detacher 两个动作组件最常用。

图 4.1-8

5. 本体

单击"本体"选项，系统弹出如图 4.1-9 所示的本体组件列表，这些组件主要实现物件的运动效果。

图 4.1-9

6. 其他

单击"其他"选项，系统弹出如图 4.1-10 所示的其他组件列表。

图 4.1-10

4.2 输送链系统仿真

输送链系统仿真

进行 Smart 组件仿真时可先对要仿真的动作进行分解，一般每个分解动作对应一个 Smart 组件的组成部分。由仿真动画 PalletStation.exe 可以看出，物料是不断地自动产生的；物料有线性移动，涉及运动的方向和速度；检测物料是否到位，可在生产线末端添加一个传感器，这个传感器可以使物料停止运动，并告知机器人夹取工件，机器人夹取工件后，还能生成下一个新的物料。

1. 生成物料

如图 4.2-1 所示，在"SmartCompoment_1"窗口中，单击"添加组件"→"动作"→"Source"选项，利用复制的方式生成一个物料。

如图 4.2-2 所示，在"SmartCompoment_1"窗口"组成"选项卡的"子对象与组件"选项区域中会新增一个 Source 组件，右边"Source"选项组中是该组件的属性的解释。

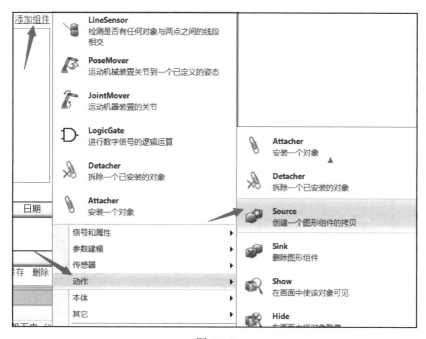

图 4.2-1

图 4.2-2

右击"Source"，在弹出的快捷菜单中选择"属性"选项，系统弹出"属性：Source"窗口。"Source"参数指示物料源是什么，单击下拉按钮，选择"物料源"；"Position"参数指示物料本地原点所在的坐标，可以在其下拉列表中选择，也可以通过修改本地原点当前坐标来实现（右击物料源，在弹出的快捷菜单中选择"修改"→"设定本地原点"选项），在本例子里，物料源的本地原点已经改成大地坐标系原点，所以不用修改；"Copy"参数会自动生成；"Parent"参数可方便群体操作；"Transient"，没勾选该复选框，复制的模型真实地存在，如勾选该复选框，复制的模型只在仿真的过程中存在，节省内存。设置完毕，单击"应用"按钮。

在"属性：Source"窗口中有一个"Execute"按钮，单击该按钮，会生成新的物料，名称为"物料源_1""物料源_2"……如图 4.2-4 所示。由于没勾选"Transient"复选框，每个物料都是真正生成的，只能手动删除。

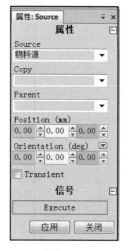

图 4.2-3

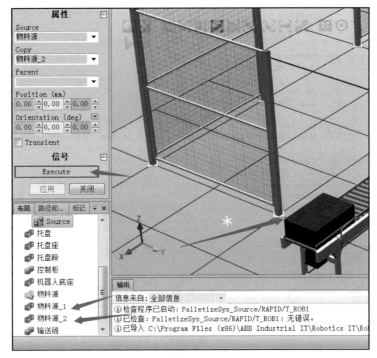

图 4.2-4

2. 物料的运动

回到"SmartComponent_1"窗口，单击"添加组件"→"本体"→"LinearMover"选项，如图 4.2-5 所示。

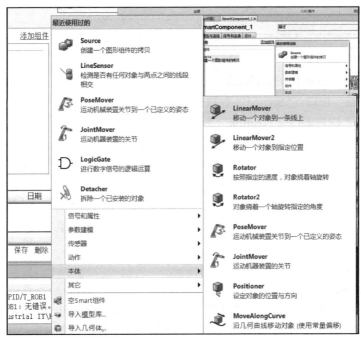

图 4.2-5

　　生成线性运动组件，右击该组件，在弹出的快捷菜单中选择"属性"选项，系统弹出"属性：LinearMover"窗口，如图 4.2-6 所示。先设置运动方向，"Reference"设置为"Global"（即以大地坐标系为参照）。生产线运动方向是 X 轴的负方向，所以可以在"Direction"中输入"-1，0，0"；如果运动方向和大地坐标系不同，可在模型创建的时候同时创建框架（方法见单元 3）。"Speed"设置为"500"。"Object"的下拉列表如图 4.2-7 所示，运动的目标需要选择物料源的拷贝，所以图 4.2-7 中的几个选项虽然接近，但都达不到目的；如果是物料源的拷贝运动，则应创建"组"，包含所有的复制品。

图 4.2-6

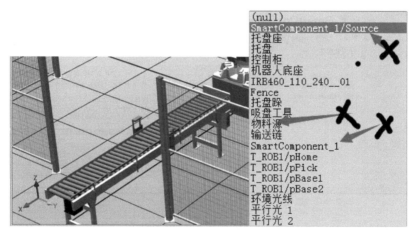

图 4.2-7

3. 创建组

　　批量创建同类型的物品，可以用组来实现，方便统一处理。

　　回到"SmartComponent_1"窗口，单击"添加组件"→"其他"→"Queue"选项，如图 4.2-8 所示。

　　可创建 Queue 组件，其对象和创建方法如图 4.2-9 所示，不需要设置其属性参数。

　　回到"属性：LinearMover"窗口，"Object"设置为"SmartComponent_1/Queue"，并把"Execute"设置为 1，即生产线一直在运动，这时的"属性：LinearMover"窗口如图 4.2-10

所示，单击"应用"按钮，关闭该窗口。

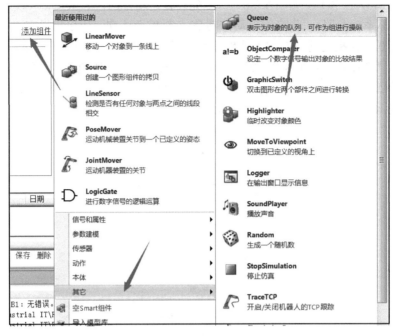

图 4.2-8

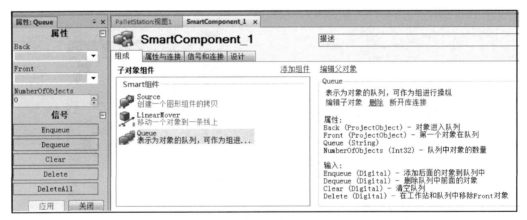

图 4.2-9

图 4.2-10

4．物料的停止

如需要在生产线末端添加一个传感器，可在挡板处加入一个面传感器。在"SmartCom-ponent_1"窗口中，单击"添加组件"→"传感器"→"PlaneSensor"选项，如图 4.2-11 所示。

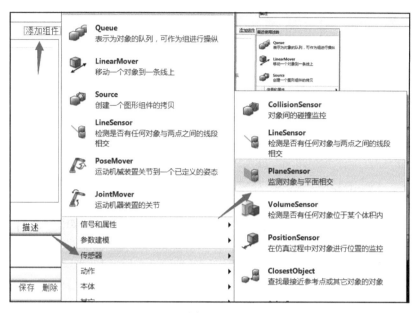

图 4.2-11

这时新增了一个 PlaneSensor 组件，在如图 4.2-12（b）所示"属性：PlaneSensor"窗口中，"Origin"表示原点，"Axis1"和"Axis2"表示两条边，它们构成的平面就是面传感器。

单击"Origin"中的一个参数，选择端点捕抓工具，捕抓图 4.2-12（c）的点为面传感器原点。"Axis1"和"Axis2"的值按图 4.2-12（b）所示输入，建立一个 200mm×400mm 的在挡板上的面传感器。

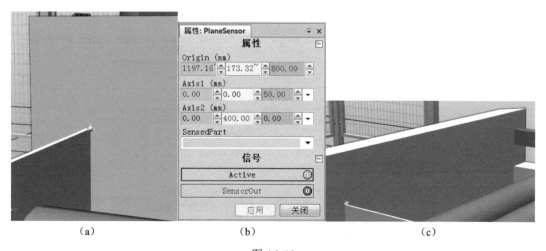

（a）　　　　　　　　（b）　　　　　　　　　（c）

图 4.2-12

设置完之后单击"Active"按钮几次，如果在单击过程中，在"SensedPart"列表中增

89

加新的选项，则证明传感器有误报，可能因为传感器和模型本身就有接触。更保险的方法是改变一些可能被传感器误检测的模型的属性，在此例子中可右键"输送链"，在弹出的快捷菜单中选择"修改"→"可由传感器检测"选项，如图 4.2-13 所示。这样输送链就不会使传感器产生误报了。

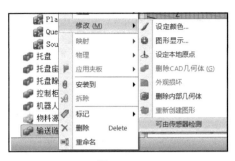

图 4.2-13

5. 属性与连接设置

此时在"SmartComponent_1"窗口中可以看到已创建的组件，如图 4.2-14 所示。

图 4.2-14

在"属性与连接"选项卡中设置组件与组件之间的信号联系及属性的传递，比如 Source 和 Queue 之间必须传递 Copy 属性。

单击"属性与连接"选项卡中"添加连接"，弹出"添加连接"对话框，如图 4.2-15 所示。

图 4.2-15

若需要把原物料的拷贝传送出去，"源对象"设置为"Source"，"源属性"设置为"Copy"，"目标对象"设置为"Queue"，因为 Queue 的属性是先进先出，所以"目标属性"设置为"Back"，如图 4.2-16 所示，单击"确定"按钮。

图 4.2-16

属性连接列表中出现一条连接，如图 4.2-17 所示。

图 4.2-17

6. 信号和连接设置

组件之间的信号传递都是通过"信号和连接"选项卡进行设置的。

打开"信号和连接"选项卡，在"I/O 连接"选项组中单击"添加 I/O Connection"，系统弹出"添加 I/O Connection"对话框，如图 4.2-18 所示。

图 4.2-18

（1）按照图 4.2-19 所示进行参数设置。即当原物料 Source 有生成的动作时，就将生成的拷贝加入队列。

注意：在RobotStudiob.03版本中，图4.2-19所示箭头处"目标对象"翻译错误，应该是"目标信号"。

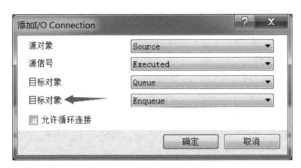

图 4.2-19

（2）继续添加信号连接I/O Connection，其参数设置如图4.2-20所示。即传感器触发后，使物料的拷贝被剔除出队列，这就能使物料失去了队列的运动属性，它就停下来了。

图 4.2-20

（3）为Smart组件添加一个输出点，当物料到位时，通知机器人夹取工件。打开"信号和连接"选项卡，在"I/O信号"选项组中，单击"添加I/O Singals"。按照图4.2-21所示设置"添加I/O Signals"对话框中的参数。

图 4.2-21

（4）继续添加信号连接I/O Connection，其参数设置如图4.2-22所示，即物料到达面传感器时把信号传送到Smart组件输出点，通知机器人。

此时，"信号和连接"选项卡中显示已建立的 I/O 连接，如图 4.2-23 所示。

图 4.2-22

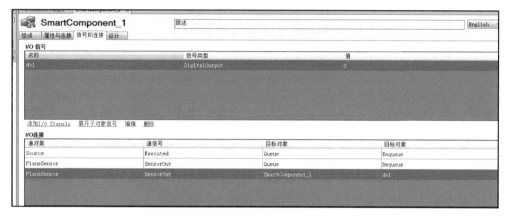

图 4.2-23

（5）这时候还要考虑，当机器人把物料抓走后，生产线还需要生成新的物料。这里需要注意的是，机器人把物料抓走时，面传感器会有一个从"1"到"0"的转换过程，要把这个转换过程捕抓到。此时涉及物料的逻辑算，可以把面传感器的信号进行取反。打开"SmartComponent_1"窗口的"组成"选项卡，单击"添加组件"→"信号和属性"→"LogicGate"选项，如图 4.2-24 所示。

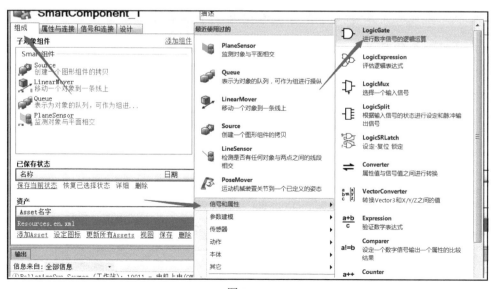

图 4.2-24

创建出一个 LogicGate 组件，在图 4.2-25 所示"属性：LogicGate[NOT] "对话框中，"Operator"下拉列表中列示出常用的集中逻辑关系，将"Operator"设置为"NOT"，就是非门。

图 4.2-25

注意：在"Operator"下拉列表中，最后一项是"NOP"，表示不做处理，它的作用是配合"Delay"一起使用，因为其他逻辑门还有一个延时功能，如需要什么逻辑都不做只希望保持信号的同步，就可以用 NOP 指令来实现。

（6）回到"信号和连接"选项卡，添加一个 I/O Connection，可把面传感器 PlaneSensor 的信号先连接到 LogicGate 非门，其参数设置如图 4.2-26 所示。

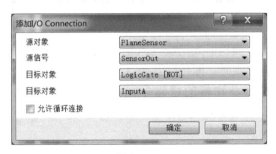

图 4.2-26

（7）如图 4.2-17 所示，再添加一个 I/O Connection，把 LogicGate 非门的输出连接到 Source 的 Execute，这样面传感器 PlaneSensor 检测到物料离开的信号就可以反馈到 Source 组件，生成一个新的物料拷贝。

图 4.2-27

（8）新建的 I/O Connection 如图 4.2-28 所示。

名称	信号类型	值
do1	DigitalOutput	0

添加 I/O Signals　展开子对象信号　编辑　删除

I/O连接

源对象	源信号	目标对象	目标对象
Source	Executed	Queue	Enqueue
PlaneSensor	SensorOut	Queue	Dequeue
PlaneSensor	SensorOut	SmartComponent_1	do1
PlaneSensor	SensorOut	LogicGate [NOT]	InputA
LogicGate [NOT]	Output	Source	Execute

添加 I/O Connection　编辑　管理 I/O Connections　删除　　　　　　　　　上移　下移

图 4.2-28

7. 局部仿真

这时候可先检查一下前面所做的工作是否能正常进行仿真。

单击"仿真"菜单→"仿真设定"图标，系统弹出"仿真设定"窗口，如图 4.2-29 所示。在该窗口取消选中 PalletizeSys_Source 后的复选框，就是取消机器人的仿真，同时保留选中 Smart 组件中 SmartComponent_1 后的复选框，关闭该窗口。

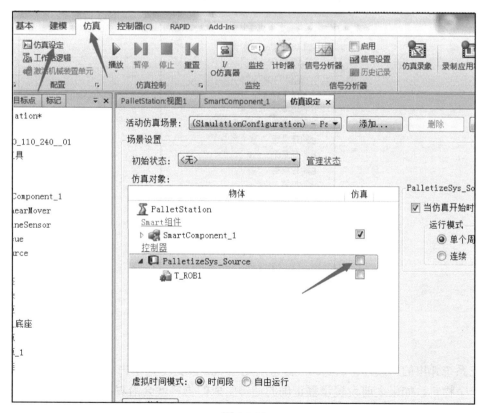

图 4.2-29

切换至"建模"窗口，把生成的所有物料源的拷贝删除，单击"仿真"菜单→"播放"图标，如图 4.2-30 所示。

图 4.2-30

这时没有生成物料且无物料运动，可以先手动生成一个物料。在"布局"窗口中右击
SmartComponent_1 下的"Source"，在弹出的快捷菜单中选择"属性"选项，如图 4.2-31 所示。

图 4.2-31

在系统弹出的"属性：Source"窗口（见图 4.2-32）中，单击"Execute"按钮，手动
生成一个物料。如果之前设置步骤正确的话，生成的物料就会沿着导轨运动，且会在接触
到面传感器的时候停下来，如图 4.2-33 所示。

接下来可以验证当处于生产线末端的物料被移开后，会不会生成新的物料并移动。这
时候机器人的抓取功能还没起作用，可以通过手动方式把物料移开。单击"基本"菜单→
"移动"工具图标，如图 4.2-34 所示。

图 4.2-32

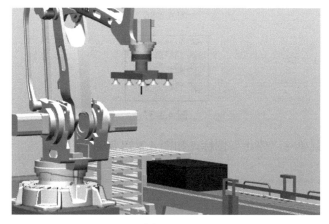

图 4.2-33

图 4.2-34

单击生产线末端的物料，就会产生移动箭头，如图 4.2-35 所示，将物料移出生产线。

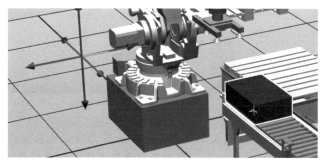

图 4.2-35

如果前面的设置正确的话，生产线上将自动生成物料源的拷贝，并移至生产线末端，在"布局"窗口中也能看到新生成的物料源拷贝，如图 4.2-36 和图 4.2-37 所示。

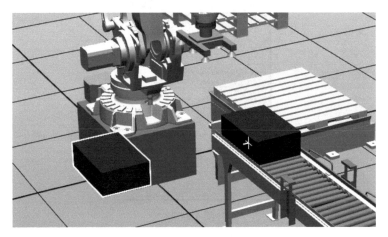

图 4.2-36

图 4.2-37

单击"仿真"菜单→"停止"图标，如图 4.2-38 所示。

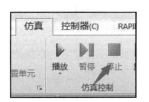

图 4.2-38

把"布局"窗口中多余的物料源拷贝删除，则可以重新开始仿真过程，删除操作如图 4.2-39 所示。

图 4.2-39

注意： 有这样一种情况，如果在第一次仿真，物料已经停止在生产线末端，这时停止仿真，并删除物料。再开始第二次仿真，由于第一次仿真停止时面传感器处于高电平，第二次仿真开始前物料被认为移走了，所以会产生一个高-低的电平变化，这时候等于触发一次 Source-Execute，生成一个新的物料拷贝。

8. Smart 组件的命名

Smart 组件一般的命名规则为以 SC_开头，后面接工具的具体名称。例如，可以把生产线组件的名称改为 SC_CNV。在"布局"窗口中右击"SmartComponemt_1"，在弹出的快捷菜单中选择"重命名"选项，如图 4.2-40 所示，将 SmartComponent_1 改为 SC_CNV。

图 4.2-40

机器人夹具仿真

4.3　机器人夹具仿真

接下来要实现物料到位后，机器人通过夹具把物料抓起并码垛。这个过程涉及物料和夹具之间的关联，需创建另一个 Smart 组件解决这个问题。

1. 新建 Smart 组件

单击"建模"菜单→"Smart 组件"图标，创建一个新的 Smart 组件，并重命名为 SC_TOOL，方法如前文所述，结果如图 4.3-1 所示。

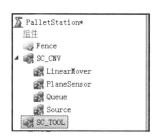

图 4.3-1

2. 添加 Attacher 和 Detacher

通过添加的组件实现拾取和放置功能。在"SC_TOOL"窗口中，单击"添加组件"→
"动作"（见图4.3-2），分别添加一个 Attacher 组件和一个 Detacher 组件，结果图4.3-3 所示。

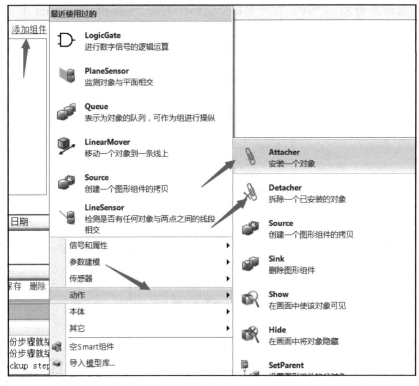

图 4.3-2

图 4.3-3

3. Attacher 的功能

单击"子对象组件"选项组中的"Attacher"组件，可以看到各个属性的中文解释，如
图4.3-4 所示。

Parent 标识安装的父对象，本实例中将物料安装到吸盘工具上，Parent 设置为吸盘工具，
Flange 在本实例中是指吸盘工具的 TCP，它会自动生成，Child 标识被拾取对象，为了兼顾

多个任务并行的情况，可在吸盘工具上安装一个传感器，让传感器检测到物料的存在再进行下一步动作。

```
Attacher
安装一个对象
编辑子对象　删除　断开库连接

属性:
Parent (ProjectObject) - 安装的父对象
Flange (Int32) - 机械装置或工具数据安到到
Child (IAttachableChild) - 安装对象
Mount (Boolean) - 移动对象到其父对象
Offset (Vector3) - 当进行安装时位置与安装的父对象相对应
Orientation (Vector3) - 当进行安装时,方向与安装的父对象相对应

输入:
Execute (Digital) - 设定为high (1)去安装
```

图 4.3-4

4. 添加线传感器

单击"添加组件"→"传感器"→"LineSensor"（线传感器）选项，如图 4.3-5 所示。

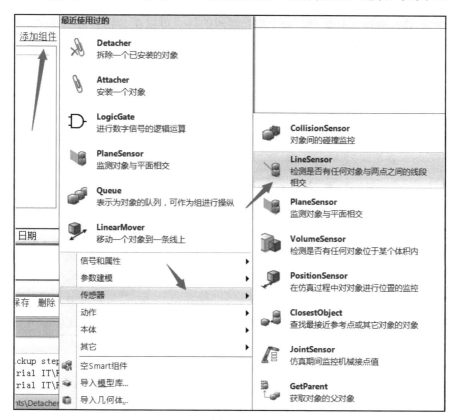

图 4.3-5

5. 线传感器的设置

线传感器的功能是检测线段是否和工件有交叉。切换至"PalletStation：现图 1"窗口，

转换机器人视觉，可以看到吸盘正面。可从吸盘工具的中央点引出一条线段，在"属性：LinSensor"窗口中，单击"Start"中的任一参数，主视图中光标变成十字形，选择捕捉对象工具 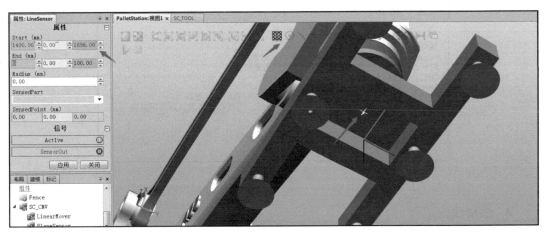，单击选择吸盘工具中央点为线段的起始点，结果如图 4.3-6 所示。

图 4.3-6

由于此机器人吸盘工具是垂直向下的，线段的终点可以在 Z 轴方向上变化，X、Y 轴参数不变。例如，若设置线传感器的长度是 150mm，则 End 参数的 Z 坐标可设置为"1546"，Radius 表示线传感器的半径，可设置为 5mm，方便观察，设置效果如图 4.3-7 所示。

图 4.3-7

注意：线传感器的长度设置为刚好超出工件一点点为宜，如太短则不能检测工具的到达，如太长则容易造成触碰。

设置完成后，记得手动触发一下传感器，看看当工具悬空时，有没有误触碰。如图 4.3-8 所示设置就会出现误触碰，原因是线传感器的上方与工具接触，这时候应把工具设置成不可检测。

在"布局"窗口中，右击"吸盘工具"，在弹出的快捷菜单中取消选中"可由传感器检测"前的复选框，如图 4.3-9 所示。

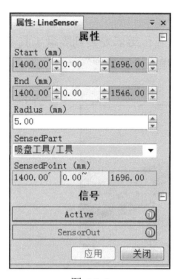

图 4.3-8　　　　　　　　　　　　　　图 4.3-9

如图 4.3-10 所示，再回到"属性：LineSensor"窗口，单击"Active"按钮，就不会有信号检测输出。

图 4.3-10

6. 防止误触发设置

由于线传感器随着吸盘工具移动，为避免线传感器信号误触发，平时应将线传感器关闭，需要使用时才打开它。线传感器的属性设置如图 4.3-11 所示。

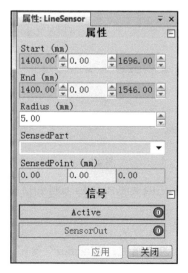

图 4.3-11

7. 安装线传感器

为确保吸盘工具移动时，线传感器跟着移动，须把线传感器安装到吸盘工具上。在"布局"窗口中，右击"LineSensor"，在弹出的快捷菜单中单击"安装到"→"吸盘工具"选项，如图 4.3-12 所示。

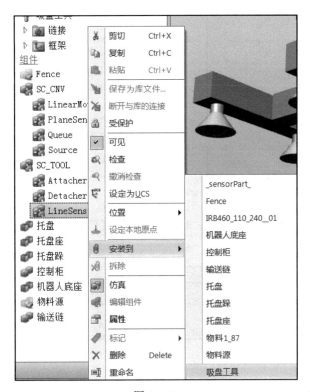

图 4.3-12

系统弹出更新位置提示对话框（见图 4.3-13），由于线传感器的位置已经设置正确，单击"否"按钮；如果单击"是"按钮，位置可能会被改变，但可以通过撤销工作来取消。

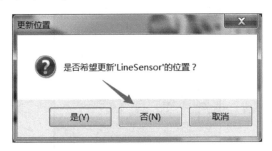

图 4.3-13

可通过移动机器人来验证线传感器是否已经安装到机器人吸盘工具上。

8. Attacher 的第二次设置

回到 Smart 组件 SC_TOOL 的"属性：Attacher"窗口，如图 4.3-14 所示。"Child"留空。勾选"Mount"前的复选框，表示更新位置安装，这里不勾选，因为进行 Attacher 操作的时候，机器人工具和工件的位置已经是正确的了，如勾选，位置会被更新到一个我们想不到的地方。

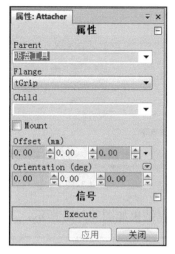

图 4.3-14

9. Detacher 的属性设置

此处，"Child"留空。勾选"KeepPosition"前的复选框，表示放开时的一瞬间保持当前位置；如不勾选，工件会回到之前的位置。Datacher 的属性设置如图 4.3-15 所示。

图 4.3-15

10.添加安装对象

打开"SC_TOOL"窗口中的"属性与连接"选项卡，单击"添加连接"，系统弹出如图 4.3-16 所示的"添加连接"对话框，按图进行参数设置。当线传感器检测到物料时，可将物料连接到线传感器，然后该物料传送给 Attacher 的 Child 属性。

图 4.3-16

11. Attcher 和 Dettacher 之间的传递

单击"添加连接"，把 Attcher 的 Child 属性传送给 Dettacher 的 Child 属性，设置如图 4.3-17 所示。

图 4.3-17

此时，"属性与连接"的设置结果如图 4.3-18 所示。

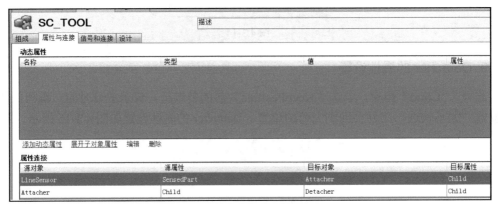

图 4.3-18

12. 建立相应机器人到位的输入信号

需要建立一个输入信号，接收机器人到位的输出信号。打开"信号和连接"选项卡，单击"添加 I/O Singals"，建立一个输入信号，其参数设置如图 4.3-19 所示。

图 4.3-19

设置完毕后，在"I/O 信号"列表中出现新建的输入信号，如图 4.3-20 所示。

图 4.3-20

激活线传感器。在"I/O 信号"列表中，单击"添加 I/O Signals"。在"I/O 连接"列表中，添加一个 I/O 连接，机器人的吸盘工具动作触发连接的 di1，di1 激活线传感器。源信号的参数设置如图 4.3-21 所示。

图 4.3-21

注意：图 4.3-22 所示表格第四栏名称翻译错误，应该是目标信号。

源对象	源信号	目标对象	目标对象
SC_TOOL	di1	LineSensor	Active

图 4.3-22

13. 安装物料

在"I/O 连接"列表中，单击"添加 I/O Connection"，当传感器检测到物料时，触发 Attacher 安装物料，其参数设置如图 4.3-23 所示。

图 4.3-23

14. 添加非门

收到外部信号后，机器人按照自己的代码搬运物料，当物料到位后，机器人的输出信号会复位，对应 SC_TOOL 组件的 di1 会复位，这时候需要解除吸盘工具和物料的连接关系。此处需要捕抓 di1 的下降沿，这个过程涉及非运算。打开"组成"选项卡，单击"添加组件"→"信号和属性"→"LogicGate"选项，如图 4.3-24 所示。

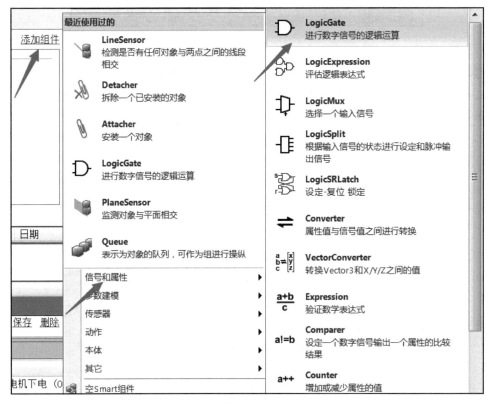

图 4.3-24

此时软件界面左侧会出现"属性：LogicGate[NOT]"窗口，将"Operator"设置为"NOT"，单击"关闭"按钮，如图 4.3-25 所示。

图 4.3-25

15. di1 关联非门

打开"信号和连接"选项卡，单击"添加 I/O Connection"，将 di1 的下降沿取反，参数设置如图 4.3-26 所示。

图 4.3-26

16. 拆除物料

打开"信号和连接"选项卡,单击"添加 I/O Connection",当检测到 di1 下降沿,拆除物料,参数设置如图 4.3-27 所示。

图 4.3-27

4.4　工作站逻辑设置

Smart 组件 SC_CNV 和 SC_TOOL 的属性已经设置完毕,下面希望在工作站层面上让它们协同工作。工件到位后需要让机器人知道,机器人放开吸盘工具后需要让 Smart 组件知道。以下将介绍工具间的连接。

1. 工作站逻辑设置

单击"仿真"菜单→"工作站逻辑"图标,如图 4.4-1 所示。

工作站逻辑设置

图 4.4-1

系统弹出如图 4.4-2 所示的"工作站逻辑"窗口,在"组成"选项卡中可以看到之前建立的 Smart 组件。

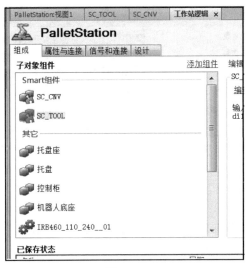

图 4.4-2

2. 物料到位信号传输给机器人

打开"信号和连接"选项卡，单击"添加 I/O Connection"，"添加 I/O Connection"对话框中的参数设置如图 4.4-3 所示。此处机器人目标对象就是"PalletizeSys_Source"，在机器人的 RAPID 程序里面自定义了一个数字输入 diBoxInPos1。

图 4.4-3

3. 机器人吸盘工具信号传输给 Smart 组件

其参数设置如图 4.4-4 所示，机器人的 RAPID 程序里面自定义了一个数字输出 doGrip，把它传输给 Smart 组件 SC_TOOL 的 di1。

图 4.4-4

整个系统信号与连接设置完成后，"I/O 连接"列表如图 4.4-5 所示。

I/O连接

源对象	源信号	目标对象	目标对象
SC_CNV	do1	PalletizeSy...	diBoxInPos1
PalletizeSy...	doGrip	SC_TOOL	di1

图 4.4-5

4. 仿真设置

单击"仿真"菜单→"仿真设定"图标，系统弹出"仿真设定"窗口，确保本窗口中的所有组件都被勾选，如图 4.4-6 所示。

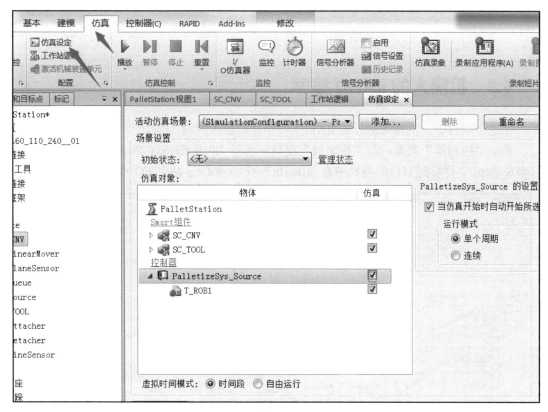

图 4.4-6

5. 仿真播放

单击"仿真"菜单→"播放"图标，手动生成一个物料，如设置成功的话，机器人码垛仿真程序将正常运行，其效果的截图如图 4.4-7 所示。

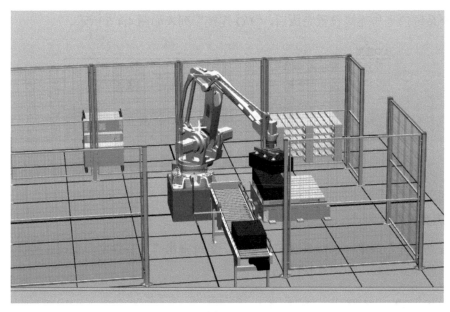

图 4.4-7

4.5 机器人的 RAPID 程序

在这个项目中，机器人运行的 RAPID 程序及机器人的输入/输出点已经预先写入。

单击"控制器"菜单，在"控制器"窗口中展开"PalletizeSys_Source"→"配置"→"I/O System"，可看到右边的列表中有 diBoxInPos1 和 doGrip 两个 I/O 点，如图 4.5-1 所示。

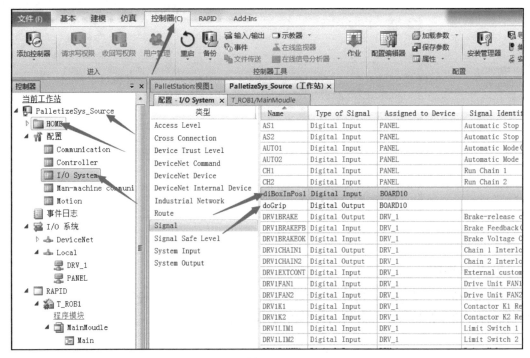

图 4.5-1

单击"RAPID"菜单，展开"RAPID"→"T_ROB1"→"MainMoudle"，可以看到预先编写好的路径程序代码，如图 4.5-2 所示。

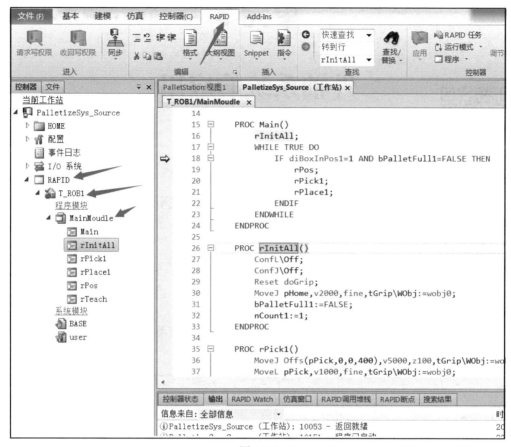

图 4.5-2

单元 5

外轴系统的应用

本单元课件

在一些应用场合中，如果将工件固定起来加工，自由度不够，不足以使工件的全部部位都被加工。这时就需要应用到外轴系统。

新建工作站

5.1 新建工作站

1. 新建工作站

打开 RobotStudio 软件，单击"文件"菜单→"新建"→"空工作站"→"创建"，建立一个新的空工作站，如图 5.1-1 所示。

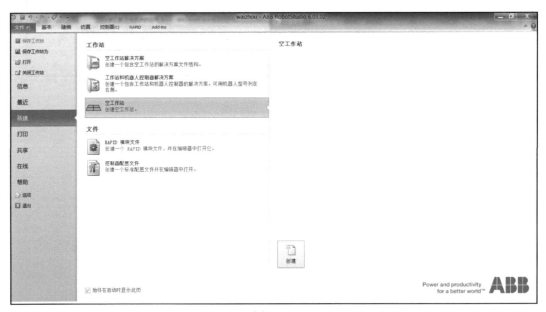

图 5.1-1

建立好的空工作站如图 5.1-2 所示。

2. 添加机器人

在"基本"菜单下，单击"ABB 模型库"→"IRB 2600"，如图 5.1-3 所示。

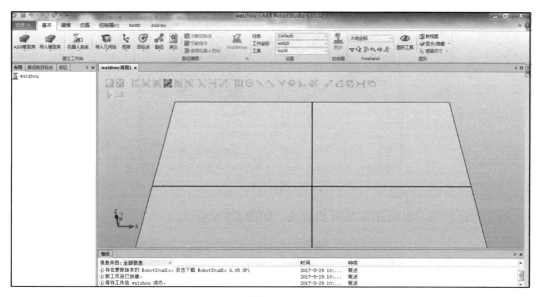

图 5.1-2

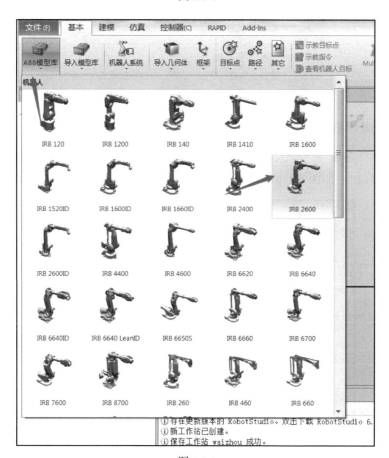

图 5.1-3

　　系统弹出"IRB 2600"对话框，机器人的规格采用默认的设定，单击"确定"按钮，如图 5.1-4 所示。

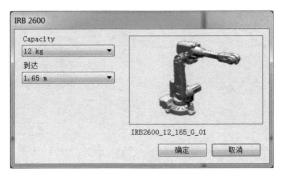

图 5.1-4

在工作区视图中出现 IRB 2600 机器人，如图 5.1-5 所示。

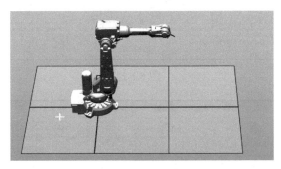

图 5.1-5

3. 添加弧焊焊枪工具

单击"基本"菜单→"导入模型库"→"设备"选项，在"工具"栏下单击"AW Gun PSF 25"，添加焊枪，如图 5.1-6 所示。

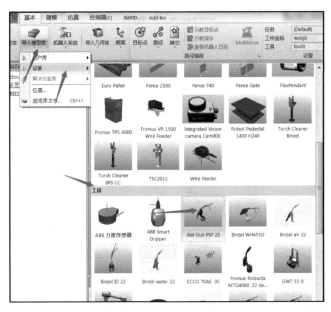

图 5.1-6

焊枪添加完毕后，在"布局"窗口中会出现焊枪模型，如图 5.1-7 所示。

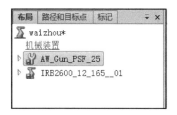

图 5.1-7

4. 将焊枪安装到机器人

右击焊枪文件，在弹出的快捷菜单中单击"安装到"→"IRB2600_12_165_01"选项，如图 5.1-8 所示，把焊枪安装到机器人。用鼠标左键单击并把焊枪拖曳到机器人中，也可以实现焊枪安装。

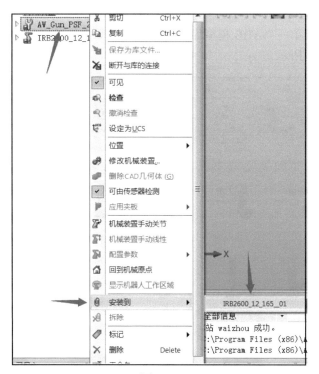

图 5.1-8

焊枪安装操作完后会弹出如图 5.1-9 所示对话框，单击"是"按钮。

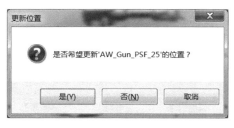

图 5.1-9

117

焊枪安装完成后的效果如图 5.1-10 所示。

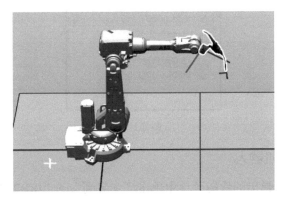

图 5.1-10

5. 添加变位机

单击"基本"菜单→"ABB 模型库"图标,在"变位机"栏下单击"IRBP L",添加变位机,如图 5.1-11 所示。

图 5.1-11

系统弹出如图 5.1-12 所示"IRBP L"对话框，变位机的参数采用默认设置，单击"确定"按钮。

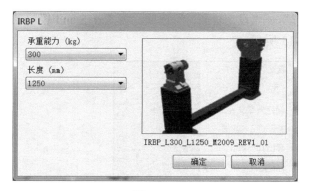

图 5.1-12

变位机添加完成，其效果如图 5.1-13 所示。

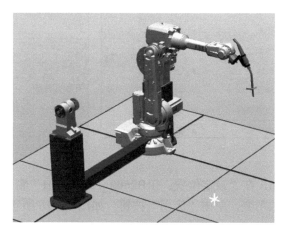

图 5.1-13

6. 其他模型加入

打开附件文件"示例资源\05_外轴系统"（该文件已经创建，其存储路径参见本书前言中的说明），把相关模型 Ext_Part 和 Ext_Stand 通过导入几何体方式或者拖曳方式加入项目，效果如图 5.1-14 所示。

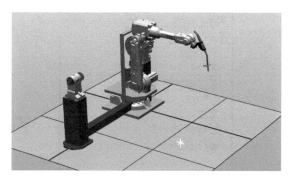

图 5.1-14

7. 机器人系统布局

（1）可将 Ext_Stand 放置在系统原点。在"布局"选项卡中右击"Ext_Stand"，在弹出的快捷菜单中单击"位置"→"设定位置..."选项，将 Ext_Stand 模块的大地坐标分别设置为"0，0，0"，如图 5.1-15 所示。

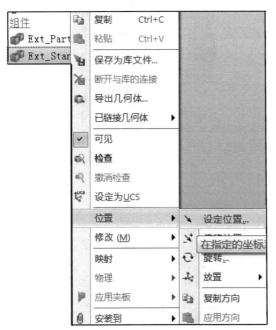

图 5.1-15

（2）底座高 300mm，在"设定位置：IRB2600_12_165_01"窗口中，设置机器人 Z 轴高度为"300"，X、Y 轴不变，单击"应用"按钮，如图 5.1-16 所示。

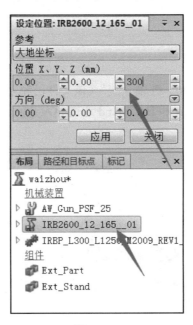

图 5.1-16

设置好后将机器人摆放在底座上，其效果如图 5.1-17 所示。

图 5.1-17

（3）设置变位机位置。采用上述同样方式设置变位机位置，大地坐标的位置参数为"1100，625，0"，如图 5.1-18 所示。

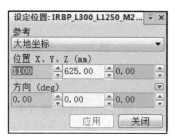

图 5.1-18

变位机设置效果如图 5.1-19 所示。

图 5.1-19

8. 将零件安装到变位机上

通过以上操作，工装的本地坐标系已经设置好了。用鼠标将"Ext_Part"拖曳至变位机，或者右击"Ext_Part"，在弹出的快捷菜单中单击"安装到"→"IRBP_L300_L1250_M2009_REV1_01"选项，系统弹出如图 5.1-20"更新位置"对话框，单击"是"按钮。通过这两种方式都可以将零件安装到变位机上。

图 5.1-20

零件安装效果如图 5.1-21 所示。

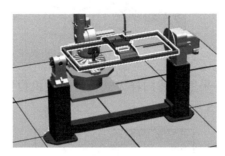

图 5.1-21

9. 加入环境设施

在搭建一个机器人应用系统时，需要把一些外设（外围设备）也加入进去，如围栏或者控制柜。加入围栏的操作：单击"基本"菜单→"导入模型库"→"设备"选项，在"其他"栏下单击"Fence 2500"，如图 5.1-22 所示。

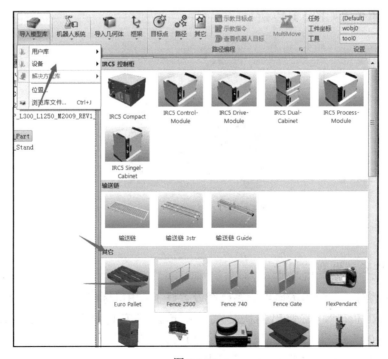

图 5.1-22

把围栏移动到适当位置,再通过复制、粘贴操作,就能生成围栏墙,大致效果如图 5.1-23 所示。

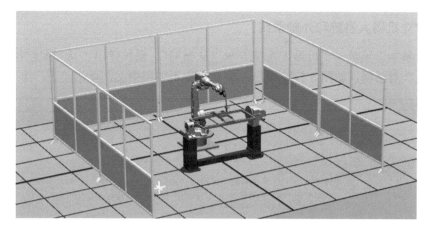

图 5.1-23

也可以加入机器人的控制柜,其操作是:单击→"基本"菜单→"导入模型库"→"设备"选项,在"IRC5 控制柜"栏下单击"IRC5 Singel-Cabinet",如图 5.1-24 所示。IRC5 Singel_Cabinet 是最常用的标准型机器人控制柜。

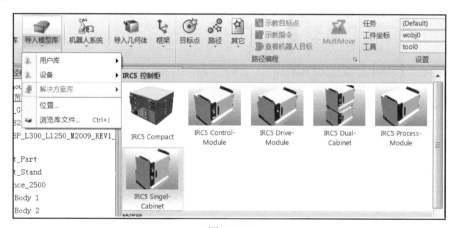

图 5.1-24

通过适当的位置调整,可把控制柜放在围栏外合适的位置,如图 5.1-25 所示。

图 5.1-25

注意： 类似围栏、控制柜等模型，仅有视觉效果，对机器人仿真系统的功能不构成任何影响，但若组建一个完整的机器人仿真系统，这些部件的加入也是必要的。

10. 建立机器人系统和外轴系统

单击"基本"菜单→"机器人系统"→"从布局"，系统弹出"从布局创建系统 系统名称和位置"对话框，如图 5.1-26 所示，注意名称不能用中文，单击"下一个"按钮。

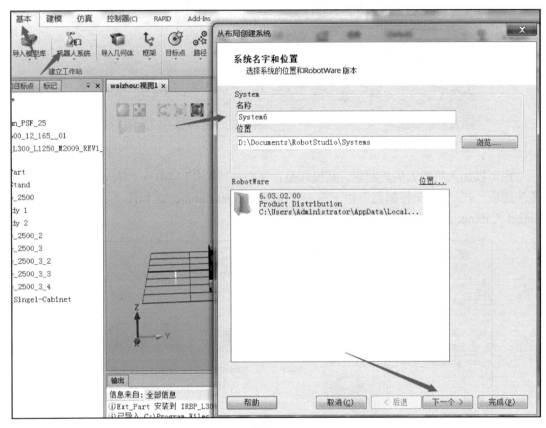

图 5.1-26

在"从布局创建系统 选择系统的机械装置"对话框（见图 5.1-27）中，可以看到除了机器人系统，还多出了一个外轴系统。这样，空间中的一个点会同时记录在机器人系统及外轴系统里。

单击"下一个"按钮，系统弹出"从布局创建系统 配置此系统"对话框，如图 5.1-28 所示。

单击"下一个"按钮，系统弹出"从布局创建系统 系统选项"对话框，在该对话框中需要设置语言为中文和增加通信协议。单击"选项..."按钮，如图 5.1-29 所示。

系统弹出"选项"对话框，在"Default Language"对应选项中取消选中"English"前的复选框，勾选"Chinese"前的复选框，如图 5.1-30 所示。

在"Industrial Networks"对应选项中勾选"709-1 DeviceNet Master/Slave"前的复选框，如图 5.1-31 所示。一般设置好这两项就足够了，单击"关闭"按钮，单击"完成"按钮。

设置完毕后一般需要等待 1～2 分钟，系统才会启动完毕，如图 5.1-32 所示。

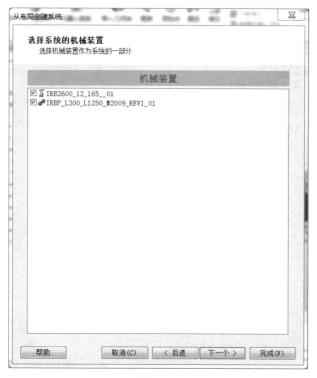

图 5.1-27

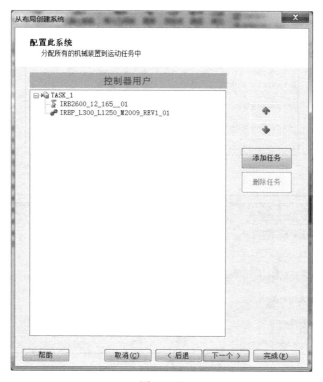

图 5.1-28

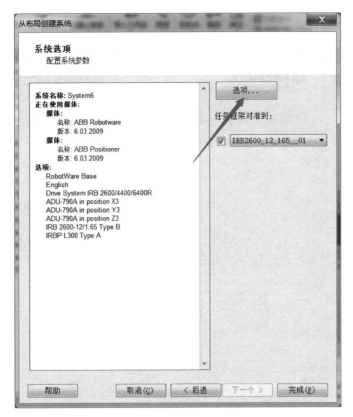

图 5.1-29

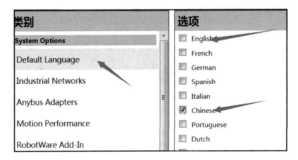

图 5.1-30

图 5.1-31

图 5.1-32

11. TCP 设置

为了使后面操作中机器人 TCP 的移动都以焊枪为基准，需要把工具 TCP 设置为焊枪的 TCP。在"基本"菜单下，将机器人的工具坐标设置为"AW_Gun"，即改成焊枪的工具坐标，如图 5.1-33 所示。

图 5.1-33

12. 建立运动工件坐标系

在外轴系统中，要建立一个工件坐标系，它会伴随着外轴系统的运动而运动。首先建立一个工件坐标系，单击"基本"菜单→"其他"→"创建工件坐标"选项，如图 5.1-34 所示。

图 5.1-34

在系统弹出"创建工件坐标"窗口中，不需要进行任何操作，直接单击"创建"按钮，如图 5.1-35 所示。

13. 将工件坐标系安装到外轴系统

打开"路径和目标点"窗口，展开"系统 System6"→"T_ROB1"→"工件坐标&目标点"，可以看到刚创建的工件坐标系 Workobject_1。右击该坐标系，在弹出的快捷菜单中选择"安装到"→"IRBP_L300_L1250_M2009_REV1_01"选项，如图 5.1-36 所示。

图 5.1-35

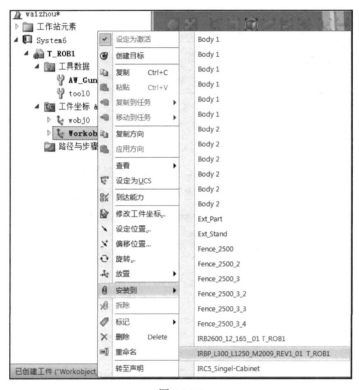

图 5.1-36

系统弹出如图 5.1-36 所示"更新位置"对话框，单击"是"按钮，更新位置。这样就把工件坐标系安装到外轴系统，这样就可以使工件坐标系随这外轴系统的运动而运动。

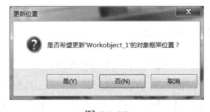

图 5.1-37

　　系统弹出如图 5.1-38 所示"确认外轴移动工件坐标"对话框，单击"确认"按钮，使工件坐标系移动到外轴。

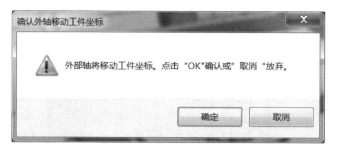

图 5.1-38

移动后的工件坐标系如图 5.1-39 所示。

图 5.1-39

　　通过以下操作可以观察工件坐标系会不会随着外轴的运动而运动。单击"Freehand"工具组中的手动关节工具图标，单击外轴的转盘并拖动它，可观察工具坐标系有没有随着转盘的旋转而旋转，如图 5.1-40 所示。这一操作对于机器人和外轴的联动至关重要。

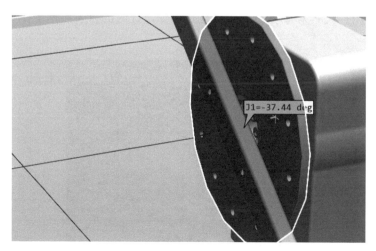

图 5.1-40

5.2 外轴系统的加入与应用

1. 变位机复位

回到"布局"窗口，右击变位机文件，在弹出的快捷菜单中选择"回到机械原点"选项，如图 5.2-1 所示。

图 5.2-1

2. 示教第一个目标点

单击"Freehand"工具组中的手动线性工具 图标，机器人末端就会按照线性方向运动。应先把焊枪的 TCP 移动到目标点附近。例如，此时的目表点是工作台的一个角，如图 5.2-2 所示。

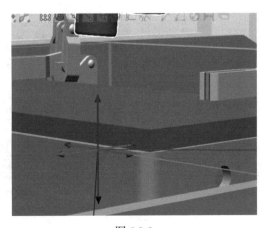

图 5.2-2

单击捕抓工具的捕抓末端工具 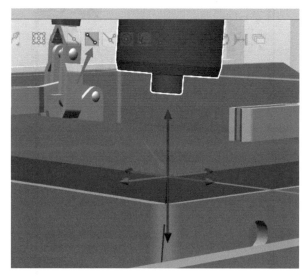 图标，再单击焊枪 TCP 的移动箭头，焊枪 TCP 就很容易地被移动到工作台的一角，如图 5.2-3 所示。

图 5.2-3

注意：上面方法的使用，应现在捕抓工具关闭的情况下，使用机器人移动工具把机器人移动到目标点的附近，再放大视图，打开适当的捕抓工具。如果一开始就打开捕抓工具，由于特征点数量太多，很容易使机器人移动到不希望的点。

3. 建立嵌套框架

机器人的框架有 2 层，前面创建的 Workobject_1 就被称为用户框架，它保证了机器人与外轴系统的随动关系。但由于此框架已经固定在外轴系统的转轴上，要对安装在上面的工件进行坐标转换操作将很麻烦。这个问题可以通过建立一个嵌套的目标（工件）框架来解决。

例如，在此项目中计划在工作台上建立目标框架，如图 5.2-4 所示。

图 5.2-4

（1）用户框架是基于机器人的大地坐标系建立的，工件框架是基于用户框架建立的。打开"路径和目标点"窗口，右击 Workobject_1 框架，在弹出的快捷菜单中选择"修改工件坐标"选项，如图 5.2-5 所示。

（2）在弹出的"修改工件坐标：Workobject_1"窗口中，用户坐标框架已经设置，不需要编辑。在"工件坐标框架"中，单击"取点创建框架"下拉箭头，在系统弹出的对话框中，选中"三点"单选按钮，如图 5.2-6 所示。

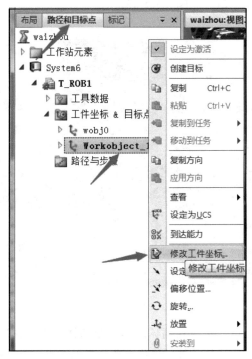

图 5.2-5

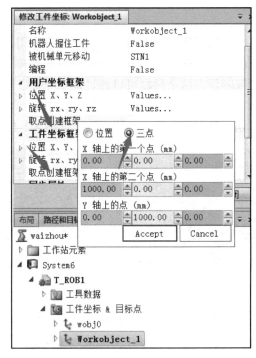

图 5.2-6

（3）利用末端捕抓工具，分别将如图 5.2-7 所示工作台的 3 个端点作为 3 点法的 *X*1、

$X2$ 和 Y 点，单击"Accept"按钮，再单击"应用"按钮，确定目标框架。

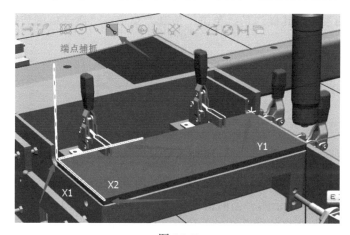

图 5.2-7

5.3　实现机器人与外轴的联动

实现机器人与
外轴的联动

1. 确认目前使用的工件坐标系和工具坐标系

在"基本"菜单的"设置"选项组确认目前使用的工件坐标系和工具坐标系，如图 5.3-1 所示。

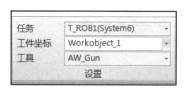

图 5.3-1

2. 无外轴信息示教

单击"基本"菜单→"示教目标点"图标，如图 5.3-2 所示，将目前示教的点记录下来。

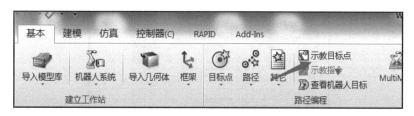

图 5.3-2

创建示教点的时，会看到软件界面右下角有如图 5.3-3 显示信息，即新建的示教点没有外轴数据。这样是不符合项目设计的初衷的。

已创建目标点 (Target_10), 无外轴数值, 已存储机器人配置

图 5.3-3

3. 有外轴信息示教

如要激活外轴系统，其操作是：单击"仿真"菜单→"激活机械装置单元"图标，如图 5.3-4 所示。

图 5.3-4

系统弹出如图 5.3-5 所示的"当前机械单元：System6"窗口，此处的 STN1 即本项目要用到的外轴系统，若要将外轴系统纳入仿真系统就勾选 STNI 前的复选框。

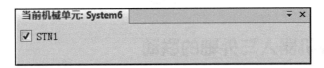

图 5.3-5

再回到"基本"菜单界面单击示教目标点，此时就会看到软件界面左下角呈现如图 5.3-6 提示信息。

已创建目标点 (Target_20), 已存储外轴数值, 已存储机器人配置

图 5.3-6

让变位机转动一定角度。打开"布局"窗口，右击"变位机"→"IRBP_L300_L1250_M2009_REV1_01"，在弹出的快捷菜单中选择"机械装置手动关节"选项，如图 5.3-7 所示。

图 5.3-7

系统弹出"手动关节运动：IRBP_L300_L1250_M2009_REVI_01"窗口（见图 5.3-8），试着将旋转角度修改为 20°，对应的仿真效果如图 5.3-9 所示。

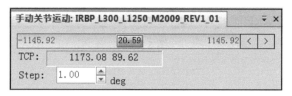

图 5.3-8

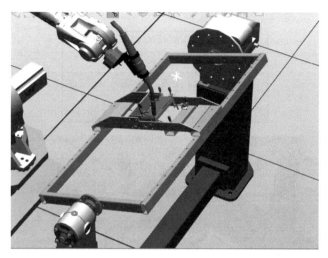

图 5.3-9

利用机器人移动工具和点捕抓工具，使机器人示教到第二点，如图 5.3-10 所示。单击示教目标点可以将其姿态信息记录下来。

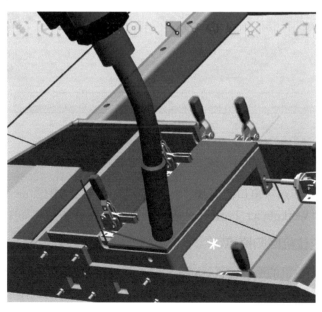

图 5.3-10

这时 RobotStudio 除了把机器人的姿态信息记录下来，还把变位机的姿态信息也记录下来了，如图 5.3-11 所示。

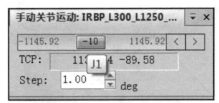

图 5.3-11

4. 示教第三点

使变位机旋转到-10°，机器人示教到第三点，单击示教目标点可以将其姿态信息记录下来，参数设置和效果及姿态信息如图 5.3-12 所示。

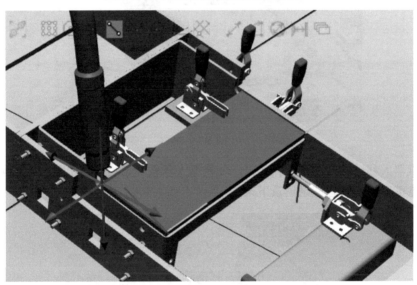

图 5.3-12

5. 已示教点查询

打开"路径与目标点"窗口，展开"System6"→"T_ROB1"→"工件坐标&目标点 Workobject_1"→"Workobject_1_of"，会看到前面步骤示教的点，如图 5.3-13 所示。

6. 机器人和变位机回归原点

示教机器人和变位机的原点位置。如图 5.3-14 所示，打开"布局"窗口，展开"机器人"→"IRB2600_12_165__01"，右击"IRB2600_12_165_01"，在弹出的快捷菜单中选择"回到机械原点"选项，使机器人回到原点。如果认为机器人距离变位机太近，也可以使用移动工具手动地将机器人移开一些。

图 5.3-13

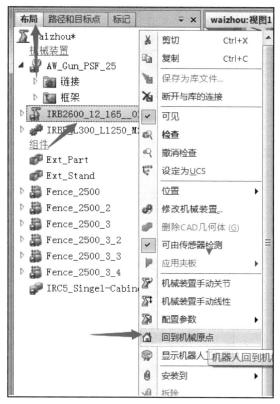

图 5.3-14

打开变位机的手动关节运动窗口，将变位机旋转角度设为 0°，如图 5.3-15 所示。

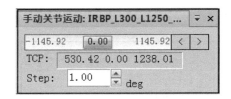

图 5.3-15

机器人和变位机的初始位置如图 5.3-16 所示。

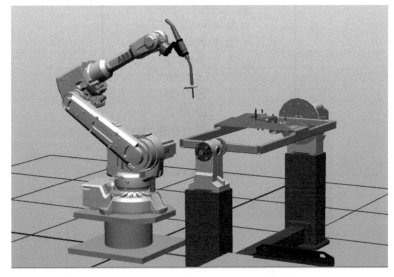

图 5.3-16

7. 示教原点

单击示教目标点，将这个点也示教出来，同时在"路径和目标点"窗口中将该点重命名为 pHome，如图 5.3-17 所示。

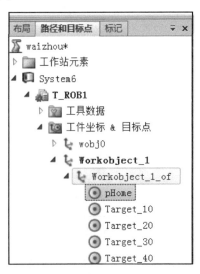

图 5.3-17

5.4　机器人与外轴系统的关联运动实现

本单元实例只为演示机器人和外轴系统之间的关联，不深究完成加工动作的工艺细节。完成一条路径，从 pHome 点开始，经 Target_20、Target_30、Target_40 点，最后回到 pHome 点。

1. 修改机器人的运动命令模板

在软件界面的下方，显示默认运动方式为直线 MoveL，将其速度修改为 "v200"，转角修改变 "z1"，其他参数不变，如图 5.4-1 所示。

图 5.4-1

2. 选取路径关键点

利用 Shift+Ctrl 键，全选需要加入路径的点，将多余的 Target_10 删除，右击全选的点，在弹出的快捷菜单中选择 "添加新路径" 选项，如图 5.4-1 所示。

图 5.4-2

3. 生成路径

由于机器人最后需要回到 pHome 点，可用拖曳方式将 pHome 点移动到路径的最下方，如图 5.4-3 所示。

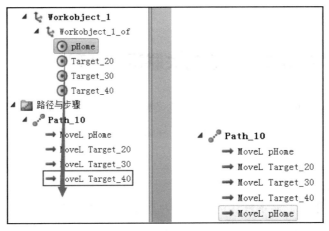

图 5.4-3

4. 命令优化

5 条指令中，第 1、2 条和第 4、5 条需要优化。右击指令，在弹出的快捷菜单中选择"编辑指令（I）..."选项，如图 5.4-4 所示。

图 5.4-4

指令优化方式如图 5.4-5 和图 5.4-6 所示，优化完成后分别单击对应编辑指令窗口中的"应用"和"保存"按钮。

图 5.4-5

图 5.4-6

5. 运动优化

如图 5.4-7 所示，右击"Path_10"，在弹出的快捷菜单中选择"配置参数"→"自动配置"选项，其作用可参见单元 3 的相关内容。

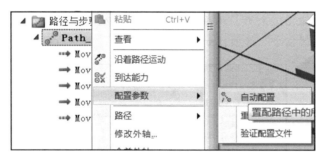

图 5.4-7

优化完毕后，右击"Path_10"，在弹出的快捷菜单中选择"沿着路径运动"选项，机器人就会沿着箭头所示路径运动，即使变位机改变位置，也不会影响机器人的路径轨迹，操作过程和效果分别如图 5.4-8 和图 5.4-9 所示。

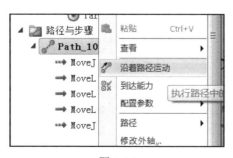

图 5.4-8

图 5.4-9

这样就实现机器人与变位机协同运动。

注意：

（1）一定要先布局，再根据布局创建系统，否则相对位置关系会全部混乱。

（2）工件的框架一定要生成并安装到变位机的法兰盘上。旋转法兰盘时，已生成的路径的位置会自动更新。

（3）外轴一定要激活。打开"路径和目标点"窗口，右击"Path_10"，在弹出的快捷菜单中选择"插入逻辑指令"选项，如图 5.4-10 所示。

图 5.4-10

在系统弹出的"创建逻辑指令"窗口中添加 Action Default 指令，并将指令参数设为 STN1，如图 5.4-11 所示。

图 5.4-11

单元 6

示教器自定义界面开发

本单元课件

在很多机器人应用场合常出现这样情形：机器人操作人员只需要使用机器人示教器的某些常用的或特定的功能操纵机器人，但是却对机器人本身的示教器不熟悉。利用 RobotStudio 软件及插件，可以帮机器人操作人员创建示教器自定义界面，以方便进行机器人操纵。

插件安装

6.1 插件安装

打开示例文件夹 "\示例资源\06_界面开发"（该文件已经创建，其存储路径参见本书前言中的说明），右击 "flexpendantsdk.6.03.02.exe"，在弹出的快捷菜单中选择 "解压到当前文件夹" 选项，解压后的文件夹如图 6.1-1 所示。

双击并打开文件夹 FlexPendant SDK 6.03.02，在该文件夹中双击 "Setup" 图标（见图 6.1-2），开始安装 FlexPendant SDK 插件。

图 6.1-1

图 6.1-2

系统弹出如图 6.1-3 所示的安装向导。

图 6.1-3

一直单击"Next"按钮，便可以完成安装。安装完毕后单击"Finish"按钮即可，如图 6.1-4 所示。

图 6.1-4

6.2　激活开发环境

1. 解压实例文档

打开示例文件夹"\示例资源\06_界面开发"，双击"ScreenMaker.rspag"图标（见图 6.2-1），进行文档解压。

图 6.2-1

按照前文所述步骤把压缩文件解压到指定位置，如图 6.2-2 所示。

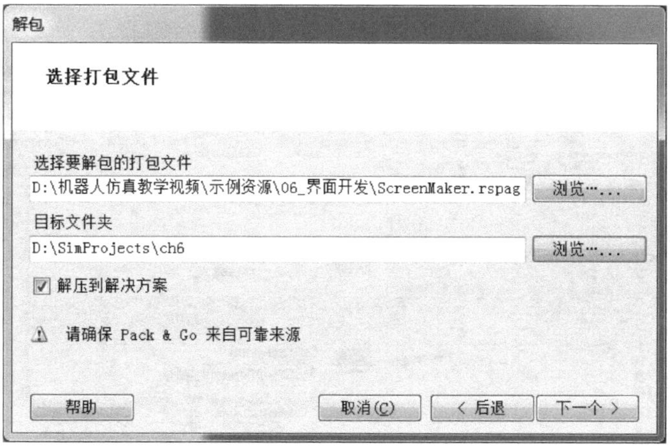

图 6.2-2

在"解包"对话框中一直单击"下一个"按钮，直到单击"完成"按钮，导入示例工作站，其解包过程、工作站视图如图 6.2-3 和图 6.2-4 所示。

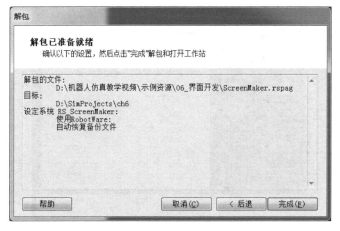

图 6.2-3

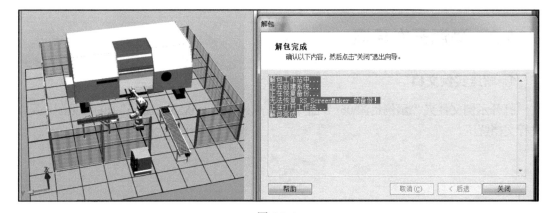

图 6.2-4

2. 激活 ScreenMaker 开发环境

在"控制器"菜单中，单击"示教器"下拉箭头，在其列表中选择"ScreenMaker"选项，如图 6.2-5 所示。

图 6.2-5

此时软件界面右侧会出现 ScreenMaker 环境窗口，如图 6.2-6 所示。

Properties	ToolBox
	□ All Controls
	⚡ ActionTrigger
	▮ BarGraph
	ab Button
	☑ CheckBox
	ComboBox
	CommandBar
	ConditionalTrigger
	ControllerModeStatus
	abl DataEditor
	Graph
	GroupBox
	Led
	ListBox
	NumEditor
	NumericUpDown
	Panel
	PictureBox
	⊙ RadioButton
	RapidExecutionStatus
	R RunRoutineButton
	Switch
	TabControl
	A TpsLabel
	✛ VariantButton
	⊞ Common Controls
	⊞ Container Controls
	⊞ Controller Controls
	⊞ Third Party Controls
	⊞ Widgets

图 6.2-6

ScreenMaker 使用控件进行编程，与 MFC 类似。

6.3　新建 ScreenMaker 程序模板

1. 新建模板

新建 ScreenMaker
程序模板

在"ScreenMaker"界面单击"新建"图标，系统弹出"New ScreenMaker Project"对话框，选择第一个模板，输入项目的名称与位置，单击"确认"按钮，如图 6.3-1 所示。

在新弹出的"MainScreen"窗口中出现如图 6.3-2 所示的矩形框。

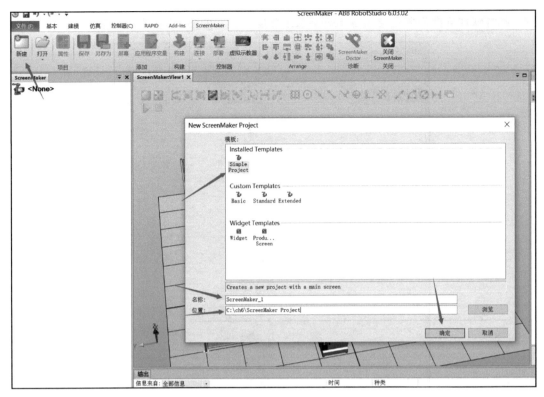

图 6.3-1

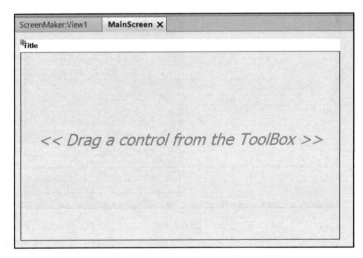

图 6.3-2

新建一个图形界面项目的时候，一般需要考虑需要多少个页面。默认的界面应该是主界面，作用是页面引导，它能引导到一些子页面中。

2. 新建信号与处理界面

在此例子中，先新建一个信号与处理界面，负责显示一些机器人的 I/O 信号值。在"ScreenMaker"菜单下单击"屏幕"图标，系统弹出"New Screen"对话框，如图 6.3-3 所示，设置该页面名称为"ScreenMaker_1"。

图 6.3-3

3. 新建第二个界面

采用同样方法新建第二个页面，设置其名称为"ScreenMaker_2"。可在左侧列表中看见两个新建的页面，如图 6.3-4 所示。

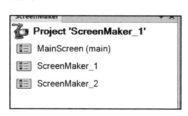

图 6.3-4

4. 设置主界面

先设置主界面。在主界面中添加一个图片，其操作如下：在右边窗口的控件框中找到图片库"PictureBox"，并将它拖曳到主界面中，如图 6.3-5 所示。

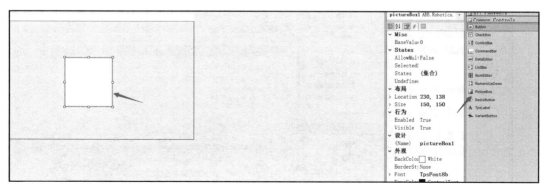

图 6.3-5

调整图片框的位置与大小，效果如图 6.3-6 所示。

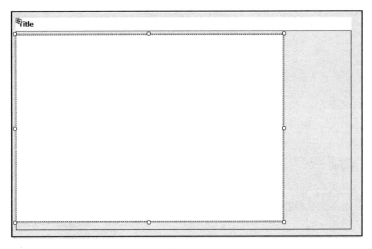

图 6.3-6

在"Properties"窗口的图片库中找到"Image"，单击"..."按钮，系统弹出"打开"对话框，在资源文件夹"\06_界面开发"（其存储路径参见本书前言中的说明）中有已经准备好的图片 MainPicture，选择它作为背景图片，如图 6.3-7 所示。

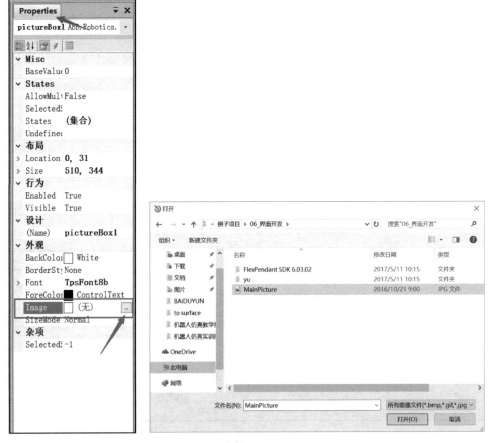

图 6.3-7

如果希望图片自动缩放到与图片框同大小，在图片库中选择"SizeMode"，在其下拉列表中选择"StretchImage"，图片就能自动缩放到合适的大小，如图 6.3-8 所示。

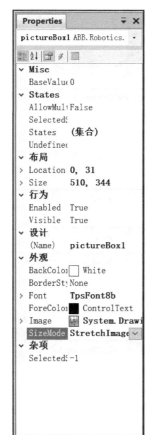

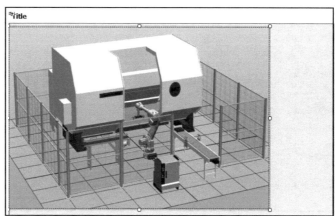

图 6.3-8

注意：也可以使用类似方法添加文本框，以添加相关说明信息。

5. 添加两个按钮并添加按钮触发事件

在"ToolBox"（工具库）窗口中找到"Button"控件，通过拖曳的方式添加到界面，如图 6.3-9 所示。

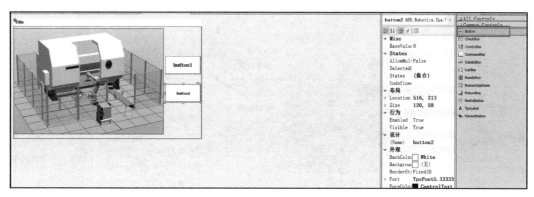

图 6.3-9

修改按钮名称。单击"Button1",在其属性中选择"Text",将按钮名称修改为"信号画面",采用同样的方式将 Button2 按钮名称修改为"数据画面",效果如图 6.3-10 所示。

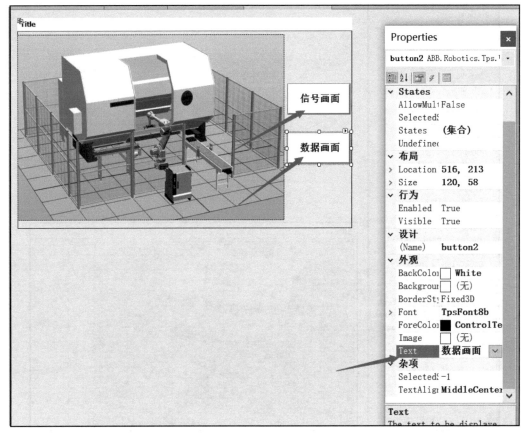

图 6.3-10

添加触发事件-页面切换。本实例中希望单击"信号画面"按钮时,能转换到别的页面,也就是说,单击该按钮时会产生消息响应。要达到这个效果,可以先单击"信号画面"按钮,在其右上角会出现一个小三角形按钮,单击它,系统弹出如图 6.3-11 所示菜单,在菜单中有 3 个按键消息响应选项可选,分别对应鼠标单击、鼠标按下和鼠标松开。

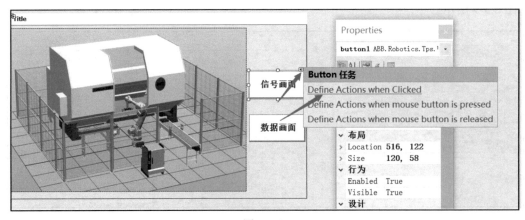

图 6.3-11

选择"Define Actions when Clicked"选项，即鼠标单击消息响应，系统弹出如图 6.3-12 所示的"Events Panel-button1. button1_Click"对话框。

图 6.3-12

在图 6.3-12 所示对话框中单击"添加动作"按钮，选择"屏幕"→"打开屏幕"选项，如图 6.3-13 所示，在中央列表中会出现一个新的条目。

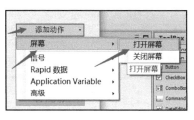

图 6.3-13

单击该条目，在条目的"Description"栏下单击"ScreenMaker_1"，在弹出的对话框中进行确认。采用同样的方式可以把"数据画面"按钮与"ScreenMaker_2"的跳转关联起来，如图 6.3-14 所示。

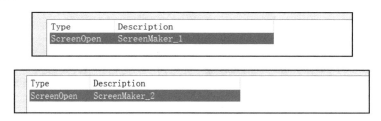

图 6.3-14

6. 在子界面中添加返回按钮

进入子界面后，需要再添加一个返回按钮用于返回到主界面。在左边栏中单击"ScreenMaker_1"，会看到一个空白页面，如图 6.3-15 所示。

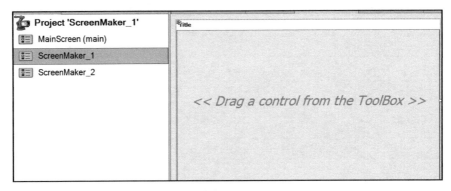

图 6.3-15

在该页面右下角添加一个新的按钮，修成名称为"返回"，如图 6.3-16 所示，并按照前面的步骤把页面跳转到"MainScreen"。同理在"ScreenMaker_2"界面添加"返回"按钮。

图 6.3-16

为验证结果，在 ScreenMaker_1 和 ScreenMaker_2 上添加不同的控件以示区别，如图 6.3-17 所示。

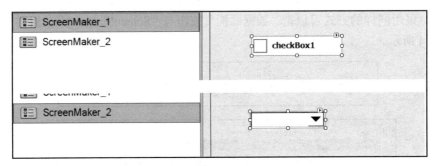

图 6.3-17

7. 生成 DLL 文件

单击"ScreenMaker"菜单→"构建"图标，如图 6.3-18 所示。

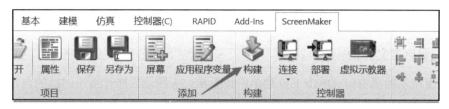

图 6.3-18

等待一段时间后，在"输出"窗口中出现如图 6.3-19 所示的成功生成信息，DLL 文件成功生成。

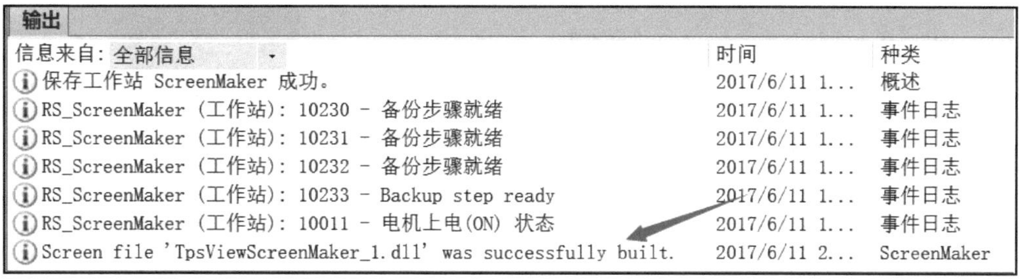

图 6.3-19

连接到示教器。单击"ScreenMaker"菜单→"连接"→"RS_ScreenMaker（Virtual）"选项，如图 6.3-20 所示。括号里的 Virtual 表明连接到 RobotStudio 软件中的虚拟示教器。如果计算机通过网线连接到机器人的控制柜，就可以将自定义界面连接到示教器中。

图 6.3-20

如果连接成功，则"ScreenMaker"窗口会出现"Connected to RS_ScreenMaker"字样，如图 6.3-21 所示。

图 6.3-21

8. 部署自定义界面

单击"ScreenMaker"菜单→"部署"图标，在输出页面中显示如图 6.3-22 所示的相应成功信息后，自定义界面就部署到示教器中了。

图 6.3-22

9. 查看自定义界面

打开虚拟示教器窗口，单击下拉菜单，如图 6.3-23 所示。打开刚才创建的自定义界面，如图 6.3-24 所示。单击相应的按钮，看能否成功相互切换，对应效果如图 6.3-25 至图 6.3-26 所示。

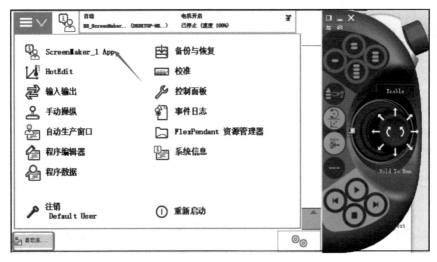

图 6.3-23

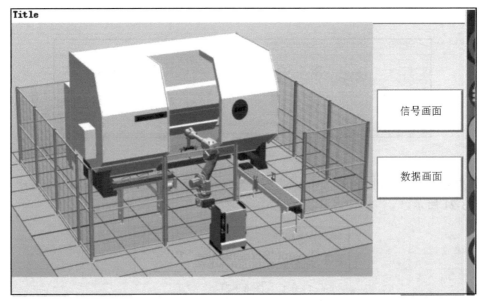

图 6.3-24

图 6.3-25

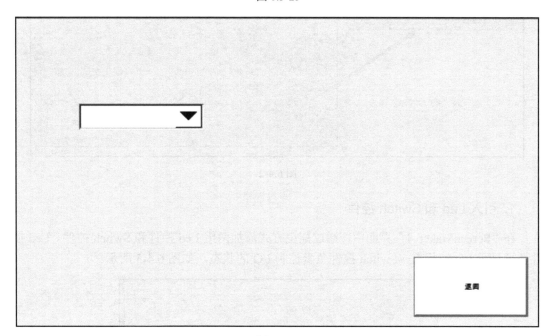

图 6.3-26

6.4 I/O 信号的信号控制与监控

回到"ScreenMaker_1"和"ScreenMaker_2"界面，分别将界面中的控件删除，如图 6.4-1 和图 6.4-2 所示。

I/O 信号的信号控
制与监控

157

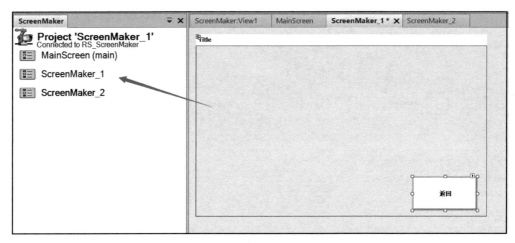

图 6.4-1

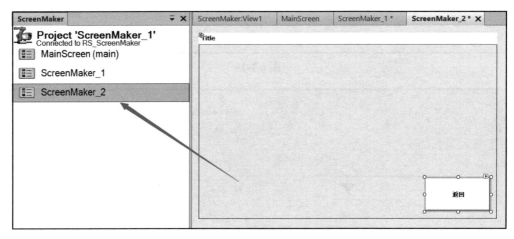

图 6.4-2

1. 引入 Led 和 Switch 控件

在"ScreenMaker_1"界面中，通过拖曳方式添加两组 Led 控件和 Switch 控件。Led 控件负责显示 I/O 的状态，Switch 控件负责控制 I/O 的状态，如图 6.4-3 所示。

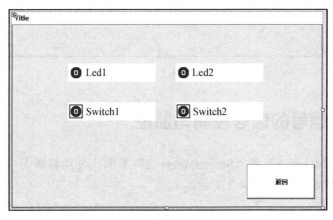

图 6.4-3

通过属性窗口更改 Switch 控件的名称分别为"1 号夹爪"和"2 号夹爪",Led 控件分别显示夹爪的状态,更改其名称为"1 号夹爪闭合"和"2 号夹爪闭合",如图 6.4-4 和图 6.4-5 所示。

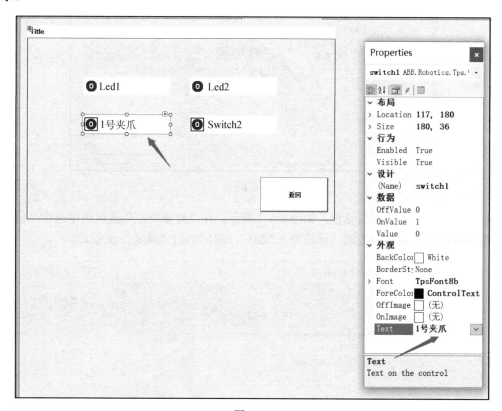

图 6.4-4

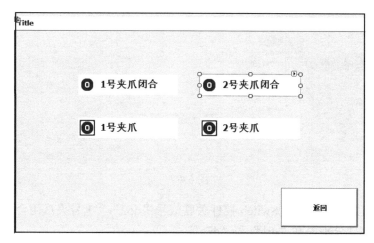

图 6.4-5

2. 添加 Switch 控件的关联

选中"1 号夹爪"的 Switch 控件,在其右上方有小箭头,单击小箭头会出现如图 6.4-6 所示的"Switch 任务"菜单,选择"Bind Value to a Controller Object"选项,如图 6.4-6 所示。

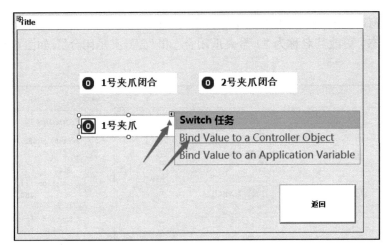

图 6.4-6

这时会出现信号关联对话框，如图 6.4-7 所示，在"对象类型"选项组中选中"信号数据"单选按钮，在列表中关联（即选择）"do1"，然后单击"确定"按钮。

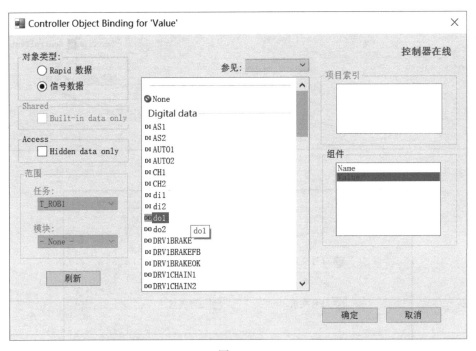

图 6.4-7

同理，使"2 号夹爪"的 Switch 控件关联信号"do2"，"1 号夹爪闭合"和"2 号夹爪闭合"的 Led 控件分别关联"di1"和"di2"。

注意： 信号 di1、di2、do1、do2 需要程序员先建立好。

3. 添加 GroupBox 控件

在显示的内容逐渐丰富之后，需要将显示的内容进行分组，这个功能可以用 GroupBox 控件（见图 6.4-8）实现。

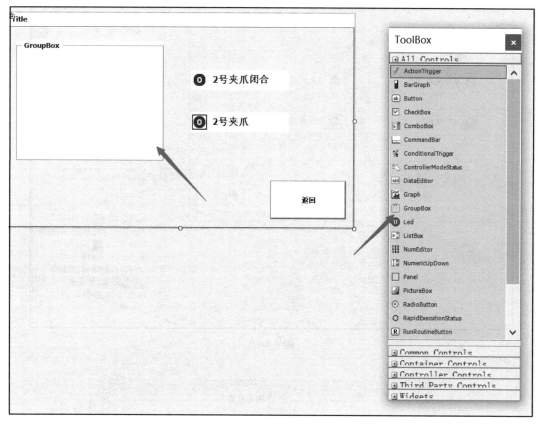

图 6.4-8

这时候分组框把其他控件盖住了，可右击 GroupBox 控件，在弹出的快捷菜单中选择
"置于底层"选项，如图 6.4-9 所示。

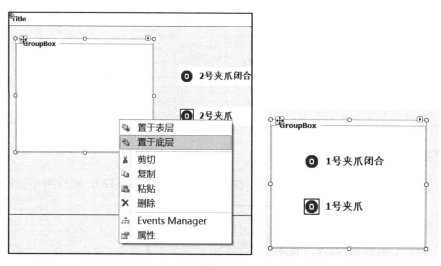

图 6.4-9

在属性窗口中，将"Title"属性设置为"1 号夹爪"，如图 6.4-10 所示。
同理，建立 2 号夹爪分组框，效果如图 6.4-11 所示。

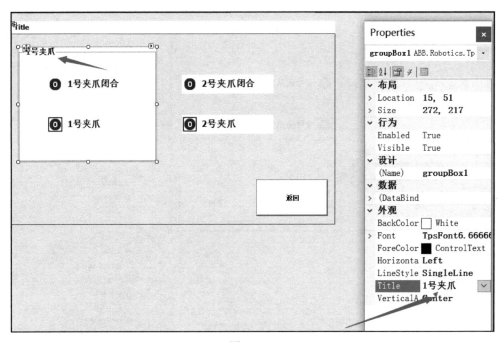

图 6.4-10

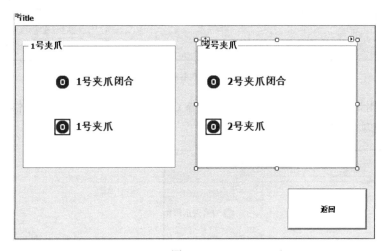

图 6.4-11

4. 构建并打开界面程序

单击 "ScreenMaker" 菜单→ "虚拟示教器" 图标（见图 6.4-12），观看刚才创建的界面。

图 6.4-12

进入虚拟示教器窗口，单击左上角的下拉菜单，选择 "ScreenMaker_1 App" 选项，如

图 6.4-13 所示，进入自定义界面。

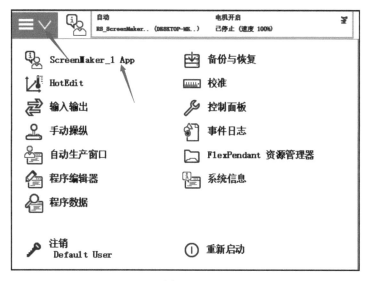

图 6.4-13

在自定义界面中分别单击"1 号夹爪"和"2 号夹爪"按钮，切换相应 I/O 口，如图 6.4-14 所示。

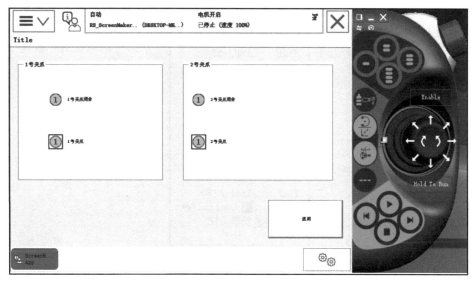

图 6.4-14

6.5　数据控件的添加

1. 添加 CheckBox 控件

在"ScreenMaker_1"窗口中，通过拖曳方式添加一个 CheckBox 控件，如图 6.5-1 所示。

数据控件的添加

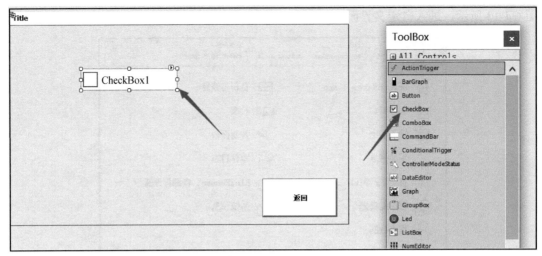

图 6.5-1

在 CheckBox 的属性窗口中，将 CheckBox 控件的名称修改为"维修工位"，如图 6.5-2 所示。

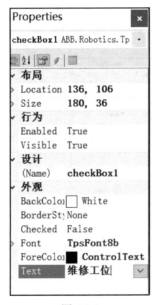

图 6.5-2

想象这样一种场景，在工作现场中，工人在界面上勾选维修工位，机器人会移动到维修工位中让工人检查。

2. 添加 CheckBox 控件的关联变量

单击 CheckBox 控件右上角的小箭头，在弹出的菜单中选择"Bind Checked to a Controller Object"选项，设置该控件关联变量，如图 6.5-3 所示。

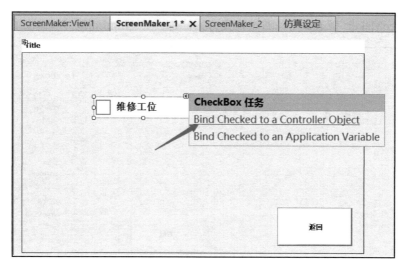

图 6.5-3

在系统弹出的关联设置对话框的"对象类型"选项组中选中"Rapid 数据"单选按钮，在"任务："下拉列表中选择"T_ROB1"，在"模块："下拉列表中选择"Module1"，在中间列表中会出现一个变量"bPutAllow"（此变量早已在程序中创建并实现相应的逻辑），最后单击"确定"按钮，如图 6.5-4 所示。

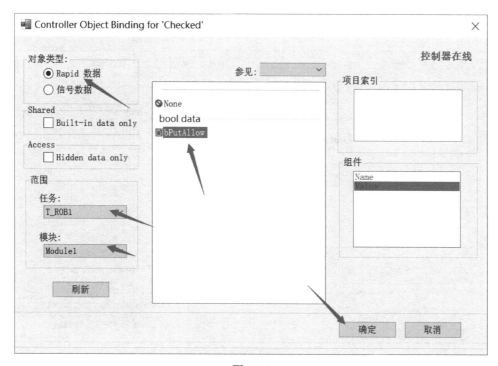

图 6.5-4

这样，CheckBox 控件就和程序中的数据相关联了。

3. 添加一个数值型控制变量——计数器

在界面中建立一个控件显示已处理码垛的数量并可以编辑它。

在"ScreenMaker_1"窗口中，通过拖曳方式添加一个 NumEditor 控件，如图 6.5-5 所示。

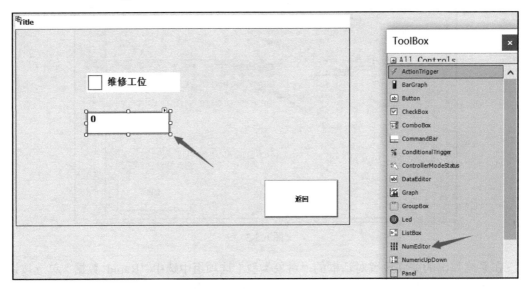

图 6.5-5

这个控件没有标题可供编辑，可添加一个文本框"tpsLabel 1"作为它的说明，如图 6.5-6 所示。

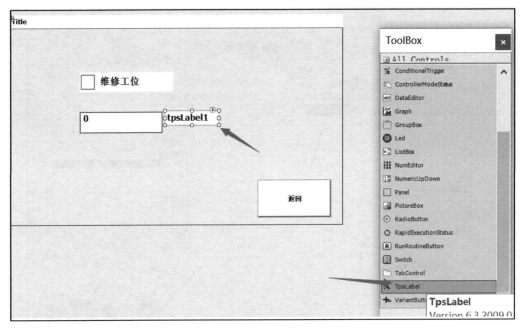

图 6.5-6

编辑文本框"tpsLabel 1"的 Text 属性，修改为"计数器"，如图 6.5-7 所示。

4. NumEditor 关联变量

单击 NumEditor 控件右上角小箭头，在弹出的菜单中选择"Bind Checked to a Controller

Object"选项，系统弹出关联设置对话框，选择"Counter"选项，如图 6.5-8 所示。

图 6.5-7

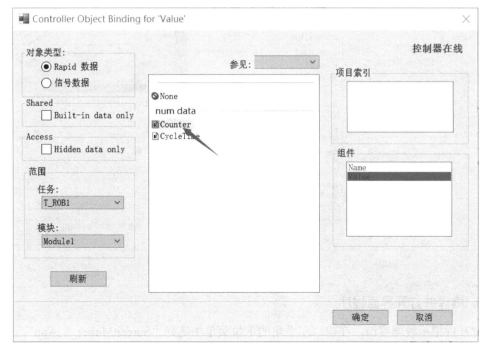

图 6.5-8

在"ScreenMaker_1"窗口中，通过拖曳方式添加一个 DataEditor 控件，这个控件可以关联各种复杂的数据类型，如图 6.5-9 所示。

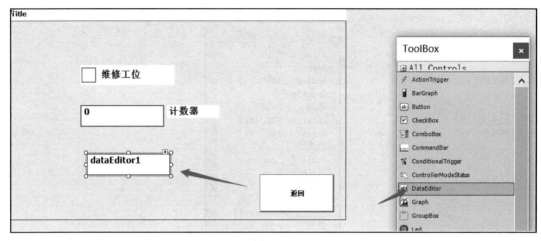

图 6.5-9

利用 DateEditor 控件可以通过文本编辑的方式对一些点进行示教。添加一个 tpsLabel 控件并将其文本名称修改为 "拾取点位置"。打开 DataEditor 的关联设置对话框，可以发现它能关联各种数据类型，如图 6.5-10 所示。

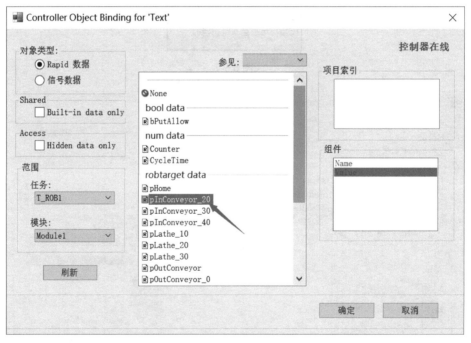

图 6.5-10

5. 编译并打开界面程序

打开虚拟示教器窗口，在窗口左上角的下拉菜单中选择"ScreenMaker_1 App"选项，进入自定义界面，然后进入 ScreenMaker_1 页面，如图 6.5-11 所示。

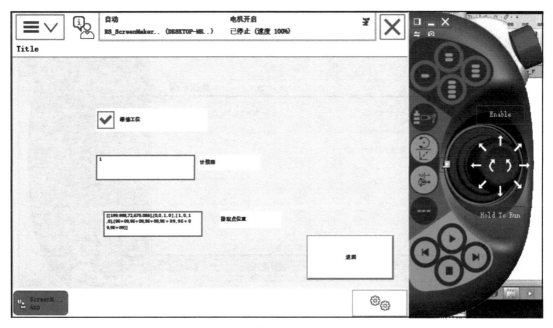

图 6.5-11

这里需要使用相关数据来证明此界面数据关联的正确性。

在示教器自定义界面中选择"程序数据"选项，如图 6.5-12 所示。

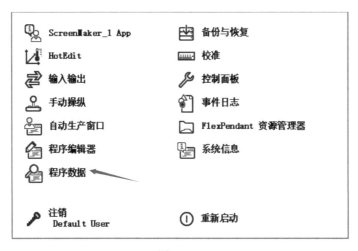

图 6.5-12

系统弹出程序数据编程界面，选择"bool"，单击"显示数据"按钮，如图 6.5-13 所示。

找到 bPutAllow 变量并选中该变量，如图 6.5-14 所示。

把 bPutAllow 变量的值设为"FALSE"，单击"确定"按钮，然后切换回 ScreenMaker_1 App 界面，如图 6.5-15 所示。

这时会看到界面中"维修工位"前面复选框的勾选被去掉，如图 6.5-16 所示。

采用同样的方法，找到 num 数据，修改 Counter 数值为"5"并确认，回到 ScreenMaker_1 App 界面观察结果，其操作和结果分别如图 6.5-17、图 6.5-18、图 6.5-19 所示。

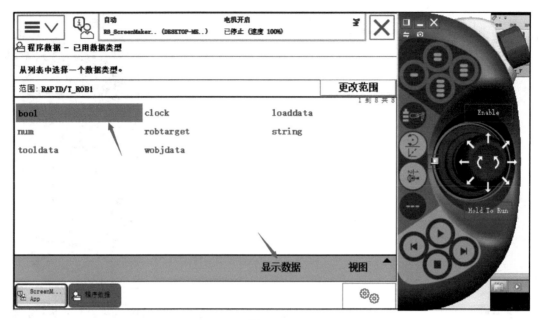

图 6.5-13

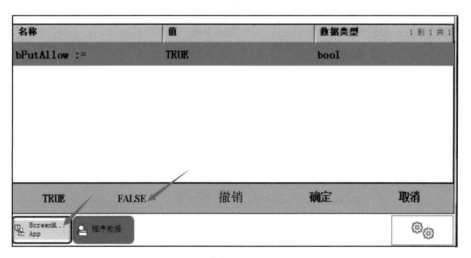

图 6.5-14

图 6.5-15

图 6.5-16

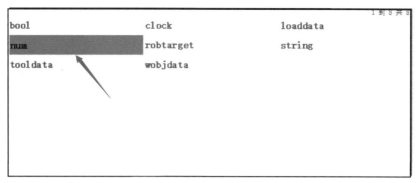

图 6.5-17

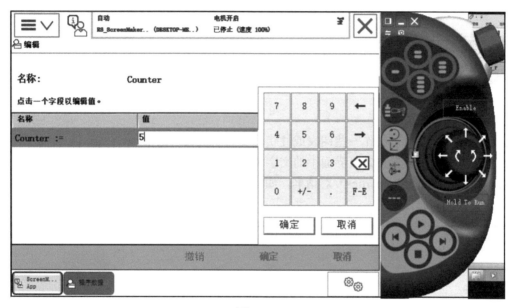

图 6.5-18

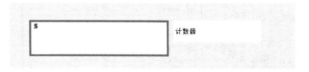

图 6.5-19

在 ScreenMaker_1 App 界面中，单击"拾取点位置"编辑框，会直接跳转到点编辑界面，可以对数据进行直接修改，其操作和修改结果分别如图 6.5-20 和图 6.5-21 所示。

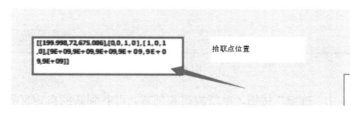

图 6.5-20

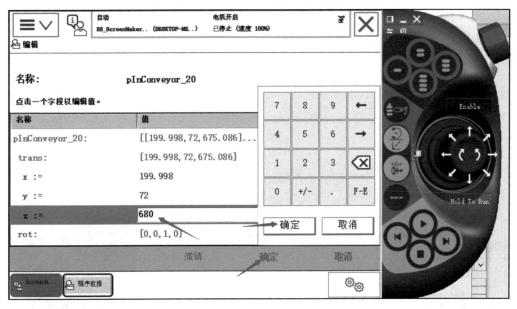

图 6.5-21

如果需要，还可以制作一些图表或柱状图在界面上显示出来。

也可以修改示教器自定义界面中的文字和图标。单击 "ScreenMaker" 菜单下的 "属性" 图标，弹出 "Project Properties" 对话框，如图 6.5-22 所示，可根据文字提示和右边样例修改自定义界面的属性。

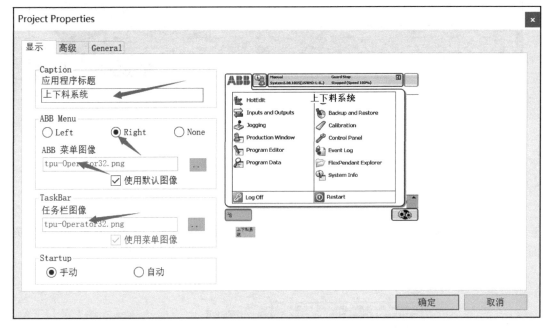

图 6.5-22

修改完成后单击 "确定" 按钮，重新构建和部署，可看到新的自定义界面，如图 6.5-23 所示。

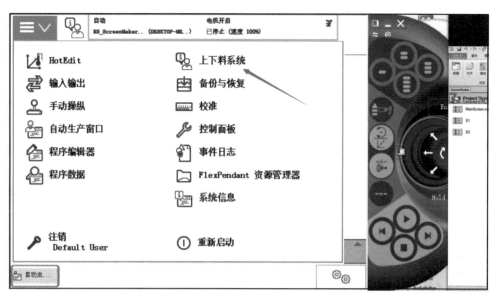

图 6.5-23

单元 7

自定义模型

本单元课件　新建工作站并
导入模型

7.1 新建工作站并导入模型

1. 新建一个空工作站

新建一个空工作站，如图 7.1-1 所示。

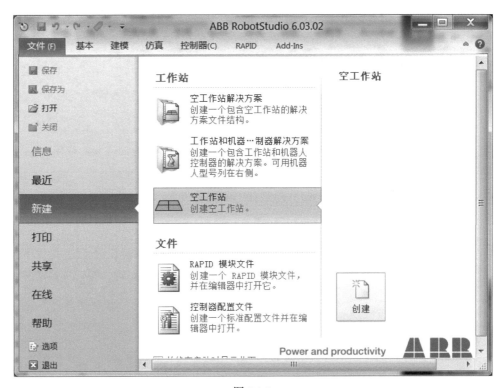

图 7.1-1

2. 导入工具

可通过导入几何体方式或直接拖曳方式，将"03_模型处理"文件夹（该文件夹的存储路径参见本书前言中的说明）中的"UserTool"工具添加到项目，如图 7.1-2 所示。

图 7.1-2

3. 导入模型

单击"基本"菜单→"导入模型库"→"设备"选项，在设备列表中选择"myTool"工具。在"布局"窗口中可以看到，自定义工具图标与系统中的工具图标是不同的。

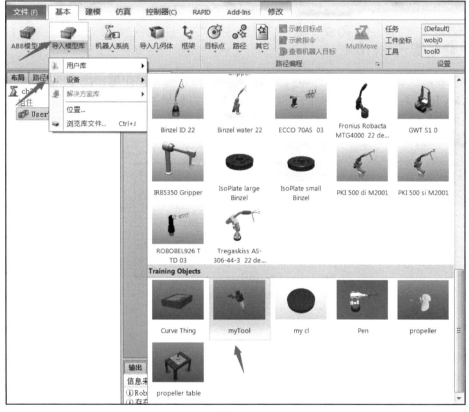

图 7.1-3

系统工具和自定义工具的区别如图 7.1-4 和图 7.1-5 所示，可以看出，系统工具的参考坐标系在底座，TCP 建立在焊枪枪头，且默认放置位置是空间原点。下面将按照系统工具的效果对自定义工具进行设置。

图 7.1-4

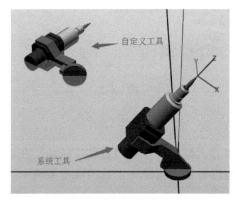

图 7.1-5

4. 隐藏/显示 MyTool

在"布局"窗口中，右击"MyTool"，在弹出的快捷菜单中取消选中"可见"前的复选框，MyTool 工具就隐藏起来了，如图 7.1-6 所示。如果工程上的一些模型影响操作，则可以先把它们隐藏起来。如果显示 MyTool 工具，只要选中 MyTool 快捷菜单中"可见"前的复选框即可。

图 7.1-6

5. 移动 UserTool

单击"布局"窗口中的"UserTool"，在右侧视图中会发现在 UserTool 附近有一个坐标系，这是 UserTool 的本地坐标系。这里希望将 UserTool 的本地坐标系移动到与机器人安装法兰盘重合的位置，如图 7.1-7 所示。

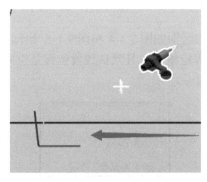

图 7.1-7

右击"UserTool"，在弹出的快捷菜单中选择"位置"→"放置"→"一个点"选项，如图 7.1-8 所示。在系统弹出的"放置对象：UserTool"窗口中单击"主点-从"，光标变成十字形状，单击捕抓中心点钮 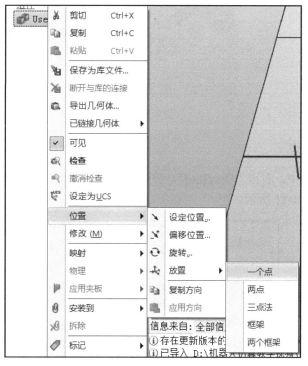 图标，就能轻易找到 UserTool 底盘圆心，单击圆心，圆心对应坐标会传到"主点-从"设置框中，如图 7.1-9 所示。

图 7.1-8

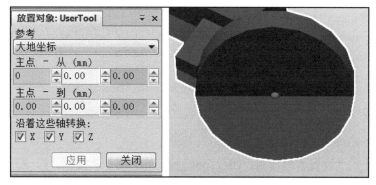

图 7.1-9

由于希望将 UserTool 移动到大地坐标系原点，"主点-到"的参数不用改动，单击"应用""关闭"按钮，结果如图 7.1-10 所示。

图 7.1-10

6. 重设本地原点

在"布局"窗口中，右击"UserTool"，在弹出的快捷菜单中选择"修改"→"设定本地原点"选项，如图 7.1-11 所示。

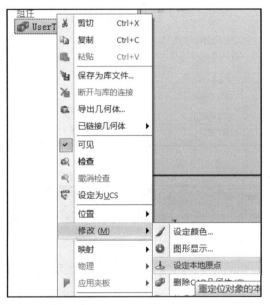

图 7.1-11

在系统弹出的"设置本地原点：UserTool"窗口中，将"位置 X、Y、Z"都设置为"0"，单击"应用""关闭"按钮，本地原点就和大地坐标系原点重合，如图 7.1-12 所示。

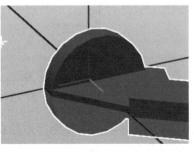

图 7.1-12

7. 将 UserTool 位置回正

在"布局"窗口中右击"UserTool"，在弹出的快捷菜单中选择"位置"→"旋转"选项，如图 7.1-13 所示。

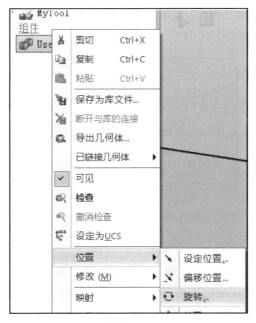

图 7.1-13

8. 旋转设置

在"旋转：UserTool"窗口中，设置 UserTool 绕 X 轴旋转 90°，单击"应用""关闭"按钮，可得到摆正后的 UserTool，如图 7.1-14 所示。至此，工具的位置和本地原点设置完毕。注意，移动工具的位置和本地原点的步骤可以调换，只要能达到转化目的就可以了。

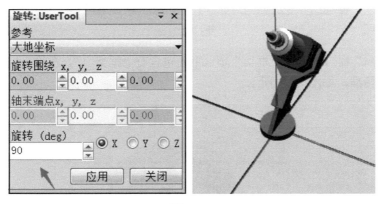

图 7.1-14

设置工具框架

7.2 设置工具框架

1. 创建框架

单击"基本"菜单→"框架"→"创建框架"选项，如图 7.2-1 所示，可利用框架生成 TCP。

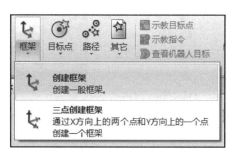

图 7.2-1

2. 捕抓框架参照面

在系统弹出的"创建框架"窗口中，单击"框架位置"，然后放大 UserTool 的焊枪枪头，如图 7.2-2 所示，选择焊枪枪头所在平面为框架位置，其他参数不变，单击"创建""关闭"按键。

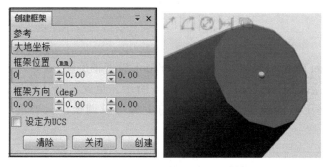

图 7.2-2

这时"布局"窗口下增加"框架"项，下面包含有"框架_1"，在枪头位置出现一个框架，但方向不标准，如图 7.2-3 所示。

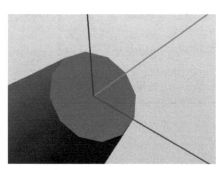

图 7.2-3

3. 设置方向

右击"框架_1"，在弹出的快捷菜单中选择"设定为表面的法线方向"选项，系统弹出如图 7.2-4 所示的"设定表面法线方向：框架_1"窗口。

在"设定表面法线方向：框架_1"窗口中，单击"表面或部分"，然后单击平面捕抓工具  图标，再选择焊枪枪头平面，如图 7.2-5 所示。在"接近方向"中，若选择正的一组，则法线方向向外；若选择负的一组，则法线方向向内。

图 7.2-4

图 7.2-5

单击"应用""关闭"按钮，由图 7.2-6 可观察到，框架 Z 轴垂直于焊枪枪头平面。

图 7.2-6

4. TCP 偏移

对于焊枪等应用，作用点会相对于枪头做一些偏移。根据实际情况可将框架沿 Z 轴偏移 5mm，其操作时对应的快捷菜单如图 7.2-7 所示，选择"偏移位置..."选项。

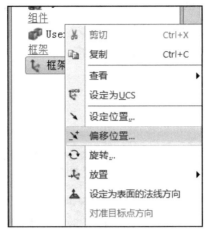

图 7.2-7

在"偏移位置：框架_1"窗口中，设置"Translation"下的 Z 轴的方向偏移 5mm，如图 7.2-8 所示，单击"应用""关闭"按钮，可见到偏移后的 UserTool 框架。

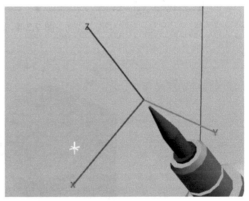

图 7.2-8

创建工具

7.3 创建工具

1. 创建机械装置

单击"建模"菜单→"创建机械装置"图标，如图 7.3-1 所示。

图 7.3-1

2. 使用已有部件创建机械装置

系统弹出"创建工具 工具信息（步骤1 of 2）"对话框，选中"使用已有的部件"单选按钮，单击"下一步"按钮，重量和重心采用默认设置，单击"下一个"按钮，如图7.3-2所示。

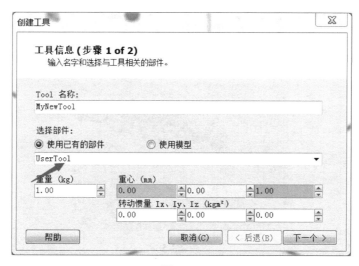

图 7.3-2

3. 创建工具

在如图7.3-3所示"创建工具 TCP信息（步骤2 of 2）"对话框中，为"TCP名称"设置一个新名字，在"数值来自目标点/框架"下拉列表中选择"框架_1"，然后单击"->"按钮，"tool1"被添加，单击"完成"按钮。

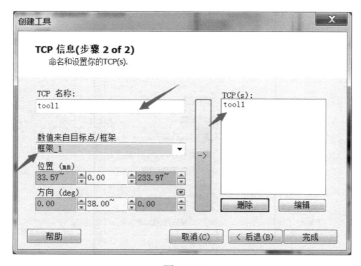

图 7.3-3

4. 创建完成

在"布局"窗口的"机械装置"下会出现一个新的标准零件，如图7.3-4所示。

图 7.3-4

5. 验证

导入 IRB 2600 机器人，把 MyNewTool 拖曳到机器人中，观察 MyNewTool 的位置、TCP 是不是正确，如图 7.3-5 所示。

图 7.3-5

6. 将自定义工具保存为库文件

如果零件已经安装在机器人上，则在"布局"窗口中右击"MyNewTool"，在弹出的快捷菜单中选择"拆除"选项，如图 7.3-6 所示。

图 7.3-6

在系统弹出的"更新位置"对话框中单击"是"按钮，焊枪就会回到原点位置，然后将机器人设置为不可见，主视图中就剩下焊枪可见，如图 7.3-7 所示。

图 7.3-7

在"布局"窗口中右击"MyNewTool"，在弹出的快捷菜单中选择"保存为库文件..."选项，如图 7.3-8 所示。

图 7.3-8

系统弹出如图 7.3-9 所示的"另存为"对话框，选择路径并输入文件名，就能保存该模型。

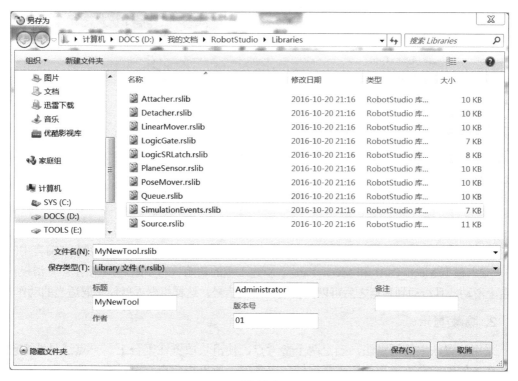

图 7.3-9

模型默认的保存路径是"用户库"。单击"基本"菜单→"导入模型库"→"用户库"
选项，在"用户库"列表中就能看到自定义模型，如图 7.3-10 所示。

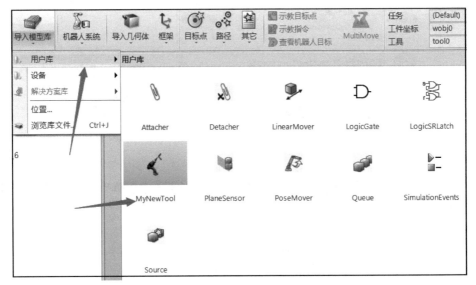

图 7.3-10

自定义模型运动

7.4　自定义模型运动

有些仿真应用中需要模型运动，下面介绍如何实现模型运动。

1. 新建工程

新建一个工程，打开资源文件夹"03_模型处理"（该文件的存储路径参见本书前言中的说
明），导入模型 Mech_Part1 和 Mech_Part2。新建工程的初始状态如图 7.4-1 所示。让滑板在工
作台上滑动，且滑动到端点之后可以向机器人发送信号，这样机器人就能采取适当的动作。

2. 隐藏/显示

采用放置法中的两点法，确定两个参考点，使滑块放置在平台上。一点法只能实现平
移，在本例中滑台除了平移还需要旋转一定角度，所以用两点法可以更好地实现它们的对
齐放置。两点法和一点法类似，都需要寻找源点和目标点，只不过被移动的点变成两组。
此例子中，比较明显的对齐点为滑块滑道孔圆心和工作台滑轨圆心。

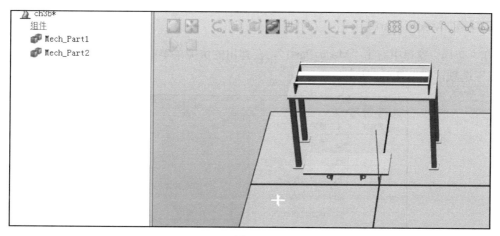

图 7.4-1

在模型 Mech_Part2 中，滑轨的圆心被侧面的挡板挡住了。可以将画面调整到适合位置，利用工具图标█选择物体工具，单击侧面挡板，使其处于被选择状态，右击并在弹出的快捷菜单中取消选中"可见"前的复选框，如图 7.4-2 所示。

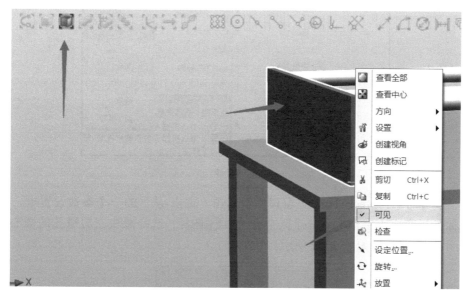

图 7.4-2

这样侧面挡板就处于不可见状态，可以观察到滑轨的末端，如图 7.4-3 所示。

注意： 选择物体工具要慎用，很容易破坏零件的结构。

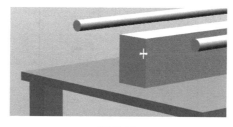

图 7.4-3

3. 移动 Mech_Part1

在"布局"窗口中右击"Mech_Part1"，在弹出的快捷菜单中选择"位置"→"放置"→"两点"选项，如图 7.4-4 所示。

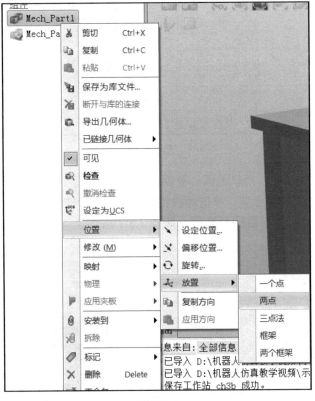

图 7.4-4

在"放置对象：Mech_Part1"窗口中，单击"主点-从"的一个参数设置框，在主视图中鼠标光标变成十字形，单击捕抓中心工具 ⊙ 图标，选择滑块左边滑孔的圆心，如图 7.4-5 所示。仿真效果如图 7.4-6 所示。

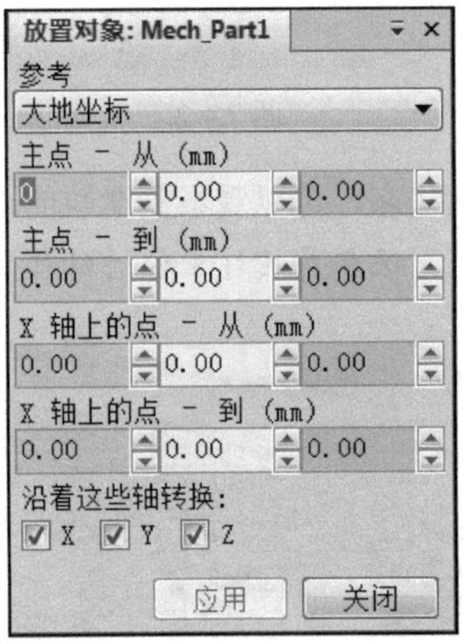

图 7.4-5

图 7.4-6

在"放置对象：Mech_Part1"窗口中，单击"主点-到"下的一个参数设置框，在主视图中鼠标光标变成十字形，单击捕抓中心工具 ⊙ 图标，在图 7.4-7 所示视觉方向中，选择平台左边滑轨的圆心。

图 7.4-7

这两个被选点会形成一条连线，如图 7.4-8 所示。

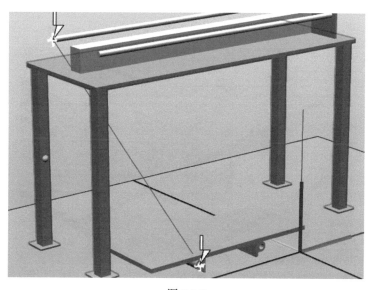

图 7.4-8

同理，分别选择滑块右边滑孔圆心和平台右边滑轨的圆心作为"X 轴上的点-从"及"X 轴上的点-到"，效果如图 7.4-9 所示。

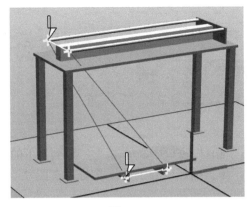

图 7.4-9

在"放置对象：Mech_Part1"窗口中单击"应用""关闭"按钮，其操作及效果分别如图 7.4-10 和图 7.4-11 所示。

图 7.4-10

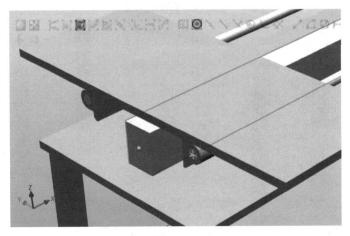

图 7.4-11

4. 恢复 Mech_Part2 隐藏部分

在"布局"窗口中，右击"Mech_Part2"，在弹出的快捷菜单中勾选"可见"前的复选框，则可以恢复侧板的可见性，效果如图 7.4-12 所示。

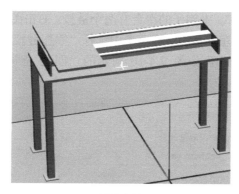

图 7.4-12

5. 创建机械装置

单击"建模"菜单→"创建机械装置"图标，如图 7.4-13 所示。

图 7.4-13

系统弹出"创建 机械装置"对话框，"机械装置类型"下拉列表中有多个选项。其中，机器人：与 ABB 机器人功能类似的机构；工具：能运动的工具；外轴：能与机器人联动的外部机构；设备：机床等能运动的设备，能与机器人有信号交互，最常用。此处，"机械装置类型"选择"设备"，如图 7.4-14 所示。

图 7.4-14

6. 链接

链接是指连接的零部件，本例子的滑台有两个链接。右击图 7.4-15 所示"创建 机械装置"对话框中的"链接"，在弹出的快捷菜单中选择"添加链接..."选项。如果是 6 轴机器人，就有 7 个链接。系统弹出如图 7.4-16 所示的"创建 链接"对话框，加入滑台零件 Mech_Part1。

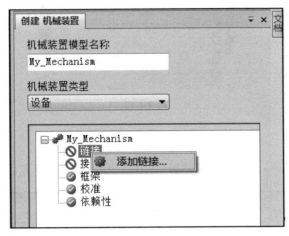

图 7.4-15

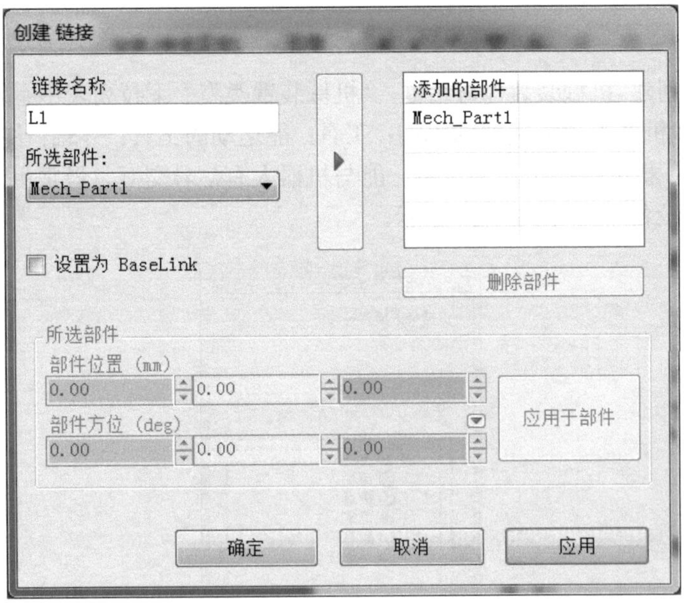

图 7.4-16

按照图 7.4-17 所示加入基座零件 Mech_Part2，注意 Mech_Part2 是基座，所以要勾选"设置为 BaseLink"前的复选框。单击"应用"按钮，不需要添加其他链接，然后单击"退出"按钮。

采用同样方法创建 L2 链接，其操作和创建结果如图 7.4-18 所示。

图 7.4-17

图 7.4-18

7. 接点

在接点处单击，在弹出的快捷菜单中选择"添加接点"，弹出如图 7.4-19 所示对话框。关节名称自行定义；由于此结构是线性滑动，所以"关节类型"选择"往复的"；"父链接"默认是 L2；"子链接"选择"L1"，子链接是相对于父链接运动的那个机构。选择往复运动时，需要在关节轴上定义一个移动的矢量；选择旋转运动时，就要定义一个旋转的轴心。可以选择捕抓一条导轨作为关节轴，当然，平台的边与关节轴平行，用平台边作为关节轴更方便，选择结果如图 7.4-20 所示。拖动操纵轴，滑台（L1）就能沿关节轴正负方向移动；限制类型选择"常量"；可根据实际设置关节的最大与最小限值。

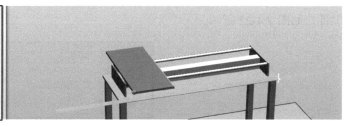

图 7.4-19

结合面选择工具 ▣ 和最短距离工具 ⋈ ，可精确测量滑块与侧面板之间的垂直距离为 745.02mm，如图 7.4-20 所示。

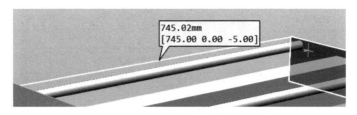

图 7.4-20

最终参数设置如图 7.4-21 所示，单击"确定"按钮，编辑完毕。

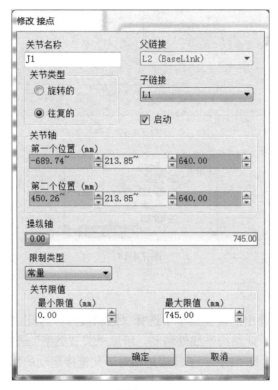

图 7.4-21

8. 编译机械装置

添加完链接和接点后，就可以编译机械装置，在"布局"窗口就能看到新建的 My_Mech 零件，如图 7.4-22 所示。

图 7.4-22

9. 移动 L1

展开 My_Mech，选择"L1"，并在手动移动工具组 Freehand 中单击手动关节移动图标

，就能移动 L1，且能发现 L1 只能沿着导轨做线性移动，而且不能超出两个限位，其操作和仿真效果如图 7.4-23 和图 7.4-24 所示。

图 7.4-23

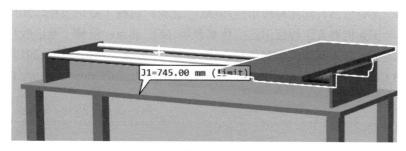

图 7.4-24

使用上述方法，读者可以创建多关节的、直线的、旋转的、复杂的零部件。

参考文献

[1] 叶晖. 工业机器人实操与应用技巧[M]. 北京：机械工业出版社，2017

[2] 叶晖. 工业机器人工程应用虚拟仿真教程[M]. 北京：机械工业出版社，2013

[3] 宋云艳. 机器人离线编程与仿真[M]. 北京： 机械工业出版社，2017

[4] ABB Corp. 操作员手册 RobotStudio 6.03[OL]. https://forums.robotstudio.com/，2017